特种作业人员安全技术考核培训教材

建　筑　电　工

主编　王东升　周军昭

中国建筑工业出版社

图书在版编目(CIP)数据

建筑电工/王东升，周军昭主编. —北京：中国建筑工业出版社，2020.2
特种作业人员安全技术考核培训教材
ISBN 978-7-112-24583-3

Ⅰ. ①建… Ⅱ. ①王… ②周… Ⅲ. ①建筑工程-电工技术-安全培训-教材 Ⅳ. ①TU85

中国版本图书馆 CIP 数据核字（2020）第 011049 号

责任编辑：李　杰
责任校对：李欣慰

特种作业人员安全技术考核培训教材
建筑电工
主编　王东升　周军昭
*
中国建筑工业出版社出版、发行（北京海淀三里河路 9 号）
各地新华书店、建筑书店经销
北京红光制版公司制版
天津翔远印刷有限公司印刷
*
开本：787×1092 毫米　1/16　印张：13¼　字数：273 千字
2020 年 5 月第一版　　2020 年 5 月第一次印刷
定价：**60.00** 元
ISBN 978-7-112-24583-3
（35278）

特种作业人员安全技术考核培训教材编审委员会
审定委员会

编写委员会

本书编委会

主　　编　王东升　周军昭

副 主 编　许　军　赵　萍　张振涛

参编人员　刘海宁　王福安　梁德东　宋元超　宋中峰
　　　　　　李清淄　王志超

出版说明

随着我国经济快速发展、科学技术不断进步，建设工程的市场需求发生了巨大变换，对安全生产提出了更多、更新、更高的挑战。近年来，为保证建设工程的安全生产，国家不断加大法规建设力度，新颁布和修订了一系列建筑施工特种作业相关法律法规和技术标准。为使建筑施工特种作业人员安全技术考核工作与现行法律法规和技术标准进行有机地接轨，依据《中华人民共和国安全生产法》《建设工程安全生产管理条例》《安全生产许可证条例》《建筑起重机械安全监督管理规定》《建筑施工特种作业人员管理规定》《危险性较大的分部分项工程安全管理规定》及其他相关法规的要求，我们组织编写了这套"特种作业人员安全技术考核培训教材"。

本套教材由《特种作业安全生产基本知识》《建筑电工》《普通脚手架架子工》《附着式升降脚手架架子工》《建筑起重司索信号工》《塔式起重机工》《施工升降机工》《物料提升机工》《高处作业吊篮安装拆卸工》《建筑焊接与切割工》共10册组成，其中《特种作业安全生产基本知识》为通用教材，其他分别适用于建筑电工、建筑架子工、起重司索信号工、起重机械司机、起重机械安装拆卸工、高处作业吊篮安装拆卸工和建筑焊接切割工等特种作业工种的培训。在编纂过程中，我们依据《建筑施工特种作业人员培训教材编写大纲》，参考《工程质量安全手册（试行）》，坚持以人为本与可持续发展的原则，突出系统性、针对性、实践性和前瞻性，体现建筑施工特种作业的新常态、新法规、新技术、新工艺等内容。每册书附有测试题库可供作业人员通过自我测评不断提升理论知识水平，比较系统、便捷地掌握安全生产知识和技术。本套教材既可作为建筑施工特种作业人员安全技术考核培训用书，也可作为建设单位、施工单位和建设类大中专院校的教学及参考用书。

本套教材的编写得到了住房和城乡建设部、山东省住房和城乡建设厅、清华大学、中国海洋大学、山东建筑大学、山东理工大学、青岛理工大学、山东城市建设职业学院、青岛华海理工专修学院、烟台城乡建设学校、山东省建筑科学研究院、山东省建设发展研究院、山东省建筑标准服务中心、潍坊市市政工程和建筑业发展服务中心、德州市建设工程质量安全保障中心、山东省建设机械协会、山东省建筑安全与设备管理协会、潍坊市建设工程质量安全协会、青岛市工程建设监理有限责任公司、潍坊昌大建设集团有限公司、威海建设集团股份有限公司、山东中英国际建筑工程技术有限公司、山东中英国际工程图书有限公司、清大鲁班（北京）国际信息技术有限公司、中国建筑工业出版社等单位的大力支持，在此表示衷心的感谢。本套教材虽经反复推敲核证，仍难免有不妥甚至疏漏之处，恳请广大读者提出宝贵意见。

编审委员会

2020 年 04 月

前　言

本书适用于建筑电工的安全技术考核培训。本书的编写主要依据《建筑施工特种作业人员培训教材编写大纲》，参考了住房和城乡建设部印发的《工程质量安全手册(试行)》。本书通过认真研究建筑电工的岗位责任、知识结构、文化程度，重点突出了建筑电工操作技能的训练要求，主要内容包括施工现场用电安全，常用低压电器与电动机，常用电工工具和仪表，电动建筑机械和手持式电动工具，接零接地保护，施工现场的配电、照明，危险环境因素与雷电防护，施工现场用电管理，常见电气故障、事故隐患与事故案例等内容。本书对于强化建筑电工的安全生产意识、增强安全生产责任、提高施工现场安全技术水平具体指导作用。

本书的编写广泛征求了建设行业主管部门、高等院校和企业等有关专家的意见，并经过多次研讨和修改完成。中国海洋大学、潍坊市市政工程和建筑业发展服务中心、潍坊市建设工程质量安全协会、青岛华海理工专修学院、山东中英国际工程图书有限公司等单位对本书的编写工作给予了大力支持；同时本书在编写过程中参考了大量的教材、专著和相关资料，在此谨向有关作者致以衷心感谢！

限于我们水平和经验，书中难免存在疏漏和错误，诚挚希望读者提出宝贵意见，以便完善。

编　者

2020 年 04 月

目　　录

1　施工现场用电安全概述

2　常用低压电器与电动机

3　施工现场常用电工工具和仪表

6 施工现场的配电

7 施工现场的照明

8　施工现场危险环境因素与雷电防护

9　施工现场的用电管理

10 常见电气故障、事故隐患与事故案例

1 施工现场用电安全概述

1.1 电的作用和特点

1.1.1 电的作用

当今社会，电能已经深入到人类生活的各个领域，成为国民经济的命脉。然而客观世界的事物都具有两重性，即存在着对人类有利的一面，也存在着不利的一面，电能也不例外。电能在促进工农业生产、给人类带来幸福生活的同时，如果使用不当也会给人类带来一定的危害，使用得当的关键在于人们掌握电这一客观事物的性能及其运行规律。

1.1.2 电的特点

（1）电的传递速度特别快（3×10^5km/s）。

（2）电的形态特殊，只能用仪表才可测得电流、电压和波形等，但看不见、听不到、闻不着、摸不得。

（3）电的能量转换方式简单，可以转化为光能、热能、磁能、化学能、机械能等。

（4）电的网络性强，电力系统是由发电厂、电力网和用电设备组成的一个统一整体，其发电、供电都在一瞬间完成。

由于发电、供电和用电有着同时进行的特殊性，在安装、检修和使用电气设备过程中，如果考虑不周或操作不当，往往容易引起人员伤亡、设备损坏，形成火灾、爆炸等事故，甚至会造成大面积停电，严重影响生产、生活和社会秩序。所以，要认识到用电安全是人命关天的大事，是保证生产、生活、社会活动顺利进行的重要环节，要积极开展用电安全的宣传和教育，防止各类用电事故的发生。

1.2 施工现场用电特点及安全用电的重要性

随着建筑业的迅猛发展，在建筑施工现场，电能成为了不可缺少的主要能源，施工用电、各种电气装置、建筑机械等日益增多。由于施工现场用电的临时性和环境的特殊性、复杂性，造成众多电气设备的工作环境恶劣，用电事故的发生概率变大，特别是因漏电而引起的人身触电伤害事故也随之增加。

施工现场用电特点：

（1）电气工程具有临时性。

（2）工作条件受地理位置和气候条件制约。

（3）施工机具有相当大的周转性和移动性，尤其是用电施工机具有着较大的共用性。

（4）施工现场露天作业多，电气装置、配电线路、用电设备等易受气候环境、污染物和腐蚀介质等因素的侵害。

（5）施工现场是多工种交叉作业的场所，非电气专业人员使用电气设备相当普遍，而这些人员的安全用电知识较少、安全用电意识相对较差。

综上所述，做好施工现场安全用电管理是一项十分重要的工作。为有效防止施工现场发生意外的触电伤害事故，保障人身、财产安全，须在用电技术上采取完备的、可靠的安全防护措施，严格按《施工现场临时用电安全技术规范》JGJ 46—2005 的标准进行作业，如此才能达到安全生产的目的。

1.3 施工现场电气工作人员的基本要求与主要职责

施工现场电气工作人员是指与施工现场临时用电工程的设计、审核、安装、维修和使用设备等有关的人员。

1.3.1 施工现场电气工作人员的基本要求

（1）各类电气工作人员必须掌握安全用电的基本知识和所用机械、电气设备的性能，掌握《施工现场临时用电安全技术规范》JGJ 46—2005。

（2）从事安装、维修或拆除临时用电工程作业的工作人员必须符合《建筑施工特种作业人员管理规定》的规定。建筑电工必须接受专门的安全技术培训，在考核合格取得“建筑施工特种作业操作资格证”后，方可上岗作业。

（3）电气工作人员要有“六性”：

1）要树立安全用电的责任性。电气安全直接关系工作人员的生命，是关系生产、生活能否正常进行的大问题。每个从事电气工作的人员要以高度的安全责任感和对人极端负责的精神，杜绝违章操作，坚决做到“装得安全，拆得彻底，修得及时，用得正确”。

2）发扬团结互助协作性。电气作业往往是几个人同时进行，或一人作业牵涉其他人员，这就需要作业人员有较强的集体意识、他人意识，团结互助、互相监督、服从统一指挥，防止事故发生。

3）坚持制度的严肃性。电气安全制度是广大电气工作人员长期实践经验的总结，是许多人用生命和血的代价换来的教训，电气工作人员必须严格遵守，同时要制止各类违规行为的发生。

4）掌握电气事故的规律性。电气事故往往是突然发生的，似乎不可捉摸。其实，电气事故有一定的规律性，只要注意各类电气事故发生的特点，分析事故的原因，就可以从中找出事故发生的规律，不断加以总结，从而防止各类电气事故的发生。

5）消除隐患的及时性。消除隐患是用电安全的重要保证。消除隐患要突出一个“勤”字，勤宣传、勤检查、勤保养、勤维修。要主动找问题，主动反映情况，主动处理问题。对于检查出的用电安全隐患，切实做到“三定”原则，即定人员、定措施、定期限，正确及时地完成整改工作。

6）掌握技术的主动性。电气操作是一项较为复杂的专门技术，在进行电气操作时，又会与周围的环境与事物发生密切的联系。作为一个电气工作人员不仅要懂得电气安全知识，还要知道与电气有关的安全知识，比如电气登高作业、防止电气火灾、触电抢救等。只有在掌握了电气技术专门知识和其他相关知识的基础上，才能在各种复杂的情况下预防事故，即使发生事故也能正确及时处理。

1.3.2 施工现场电气工作人员的主要职责

(1) 参与编制施工现场临时用电施工组织设计。

(2) 必须严格按已经批准的临时用电施工组织设计进行技术交底并实施。

(3) 维修电气故障时必须严格按安全操作规程作业，应指派相关人员进行现场监护。

(4) 定期组织和参加施工现场的电气安全检查活动，发现问题后及时解决。

(5) 对新安装的电气设备和用电机械要严格按照标准进行验收。

(6) 对使用中的电气设备要按有关技术标准进行定期检测和检验。

(7) 建立健全施工现场临时用电的安全技术档案，档案记录内容齐全、准确反映施工过程中的用电安全情况。

(8) 参与事故分析，找出薄弱环节。采取针对性措施，预防同类事故的再次发生。

总之，施工现场的用电安全工作要求每个电气工作人员要在电气安全上把好关，守好口，只有这样施工现场临时用电的安全状况才有根本的保障。

2 常用低压电器与电动机

低压电器通常是指工作在交流电压小于 1kV、直流电压小于 1.5kV 的电路中，起通断、保护、控制或调节作用的电器。

低压电器被广泛用于电源、电路、配电装置、用电设备等装置上，按照用途的不同，低压电器可分为低压配电电器和低压控制电器两大类。低压配电电器主要有刀开关、转换开关、熔断器、断路器等；低压控制电器主要有主令电器、接触器、继电器、变频器及各类控制保护器等。在施工现场常用的低压电器主要有主令电器、接触器、继电器、变压器、断路器、互感器、漏电保护器、传感器等。

2.1 常用低压电器

2.1.1 主令电器

1. 按钮

按钮通常是用来接通或断开小电流控制电路的手动开关。图 2-1 所示为几种常见的按钮。

图 2-1 按钮

按钮的使用场合非常广泛，规格品种很多。目前生产的按钮产品有 LA10、LA18、LA19、LA20、LA25、LA30 等系列，引进产品有 LAY3、LAY4、PBC 系列等。其中 LA25 是通用型按钮的更新换代产品。

按钮主要是根据所需要的触点数、使用的场合以及钮帽颜色来选择。例如对于电动机控制线路而言，一般红色按钮做停止按钮，黄色按钮做点动按钮，绿色按钮做起动按钮。

2. 刀开关

刀开关又称闸刀开关或隔离开关，它是手控电器中最简单而使用又较广泛的一种低压电器。刀开关在电路中的作用是隔离电源和分断负载。图 2-2 所示为几种常见的刀开关。

图 2-2 刀开关

刀开关一般用于空载操作（作为隔离开关），也可用于控制不经常起动的容量小于3kW 的异步电动机。当用于起动异步电动机时，其额定电流应不小于电动机额定电流的 3 倍，用于其他电路中，要求刀开关的额定电压要大于或等于线路实际的最高电压。

一般刀开关额定电压 500V，额定电流分为 60A、200A、300A……1500A 等多个等级。刀开关在结构上还有单极、双极、三极和四极之分。刀开关主要根据电源类别、电压等级、电动机容量和所需极数及使用场合来选用。

3. 转换开关

转换开关是另一种形式的刀开关，它的特点是用动触片的左右旋转来代替闸刀的推合和拉开，结构较为紧凑。图 2-3 所示为几种常见的转换开关。

图 2-3 转换开关

转换开关主要用于电气控制线路的转换、配电设备的远距离控制、电气测量仪表的转换和微电机的控制，也可用于小功率笼型感应电动机的起动、换向和变速。由于它能控制多个回路，可适应复杂线路的要求，故有“万能”转换开关之称。

4. 行程开关

行程开关，主要用作机械运动位移限制的控制和安全联锁控制。若将行程开关安装于机械行程中的某一点处，以限制其行程，则称为限位开关或位置开关。

行程开关主要由触头系统、操作机构和外壳组成。行程开关按其结构可分为直动式、滚轮式和微动式三种。行程开关动作后，复位方式有自动复位和非自动复位两种。图 2-4 所示为几种常见的行程开关。

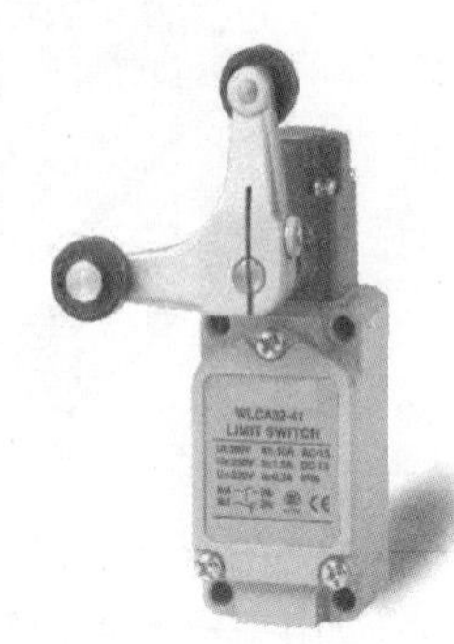

图 2-4　行程开关

2.1.2　接触器

接触器是利用自身线圈流过电流产生磁场，使触头闭合，以达到控制负载的电器。正常情况下电流通过线圈产生磁力，驱动桥式动触头移动，使线路接通，否则就分断，触点不通。接触器用途广泛，是电力拖动和控制系统中应用最为广泛的一种电器，它可以频繁操作，远距离闭合、断开主电路和大容量控制电路，并可与适当的热过载继电器组合，以保护可能发生的超负荷电路。接触器与继电器的主要区别是接触器可以通过很大的电流，大规格的还有灭弧装置。接触器可分为交流接触器和直流接触器两大类。

交流接触器的型号有 CJX1-18、CJX1-25、CJX1-50、CJX2-95、CJ20-170 等，其中 CJ 表示交流接触器，X1、X2、20 表示设计序号，18、25、50、95、170 表示主触头额定电流分别为 18A、25A、50A、95A、170A。图 2-5 所示为几种常见的接触器。

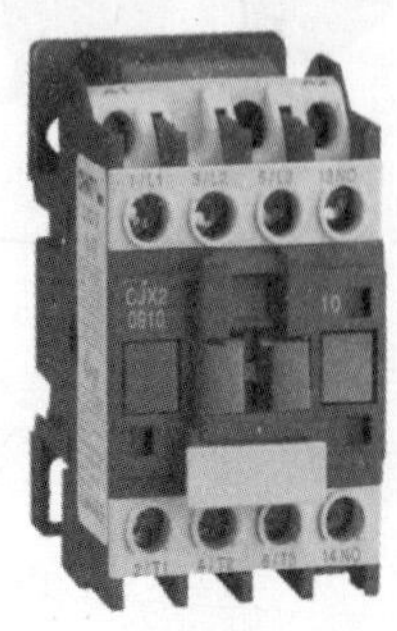

图 2-5　接触器

2.1.3 继电器

继电器与接触器一样，属于一种电子控制器件。继电器具有控制系统（又称输入回路）和被控制系统（又称输出回路），实际上是用较小的电流去控制较大电流的一种“自动开关”，在电路中起着自动调节、安全保护、转换电路等作用。

电磁式继电器与电磁式接触器原理和构造基本一致，一般由铁芯、线圈、衔铁、触点簧片等组成。只要在线圈两端加上一定的电压，线圈中就会流过一定的电流，从而产生电磁效应，衔铁就会在电磁力吸引的作用下克服返回弹簧的拉力吸向铁芯，从而带动衔铁的动触点与静触点（常开触点）吸合。当线圈断电后，电磁的吸力也随之消失，衔铁就会在弹簧的反作用力下返回原来的位置，使动触点与原来的静触点（常闭触点）吸合。通过这样吸合、释放，从而达到在电路中导通、切断的目的。

常用的继电器有热继电器、中间继电器、时间继电器、速度继电器等。随着远程控制和网络智能的发展，更多的新型继电器也将会不断出现。图 2-6 所示为几种常见的继电器。

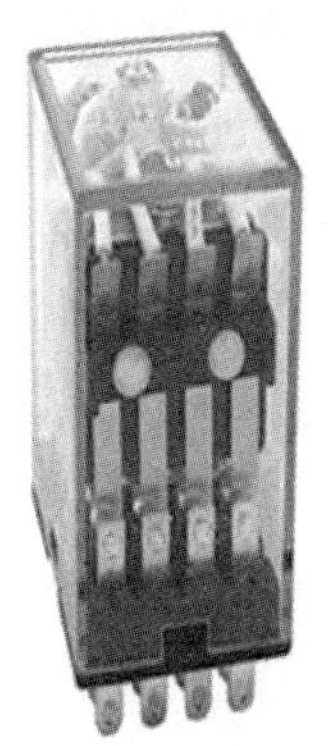
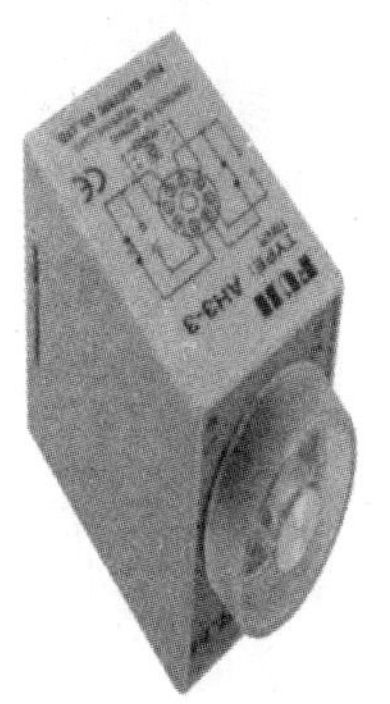

图 2-6 继电器

1. 热继电器

热继电器是一种过载保护电气元件，主要由热驱动器件、常闭触头、传动机构、复位按钮和调整电流装置等五个部分组成。其中，热驱动器件由双金属片及绕在外面的电阻丝组成，常闭触头由动触头和静触头组成，传动机构可将双金属片的动作传到动触头，复位按钮用来使动作后的动触头复位，调整电流装置用于调整过载保护电流的大小。

2. 中间继电器

中间继电器在控制系统中主要用于控制信号的传递和转换，以驱动电气执行元件工作。由于中间继电器触头数目较多，故可用于多路控制，对于小容量电动机，也可用中间继电器代替接触器进行控制，并且具有体积小的优点。

常用中间继电器型号有 JZ7、JZ8、JZ14 等系列，其中 J 表示继电器，Z 表示中间，7、8 和 14 表示设计序号。

3. 时间继电器

时间继电器是一种利用电磁原理或机械原理实现延时控制的控制电器。它的种类很多，有空气阻尼型、电动型和电子型等，型号有 JS7、JS16 等系列。

时间继电器的选择，主要是考虑控制线路中所需延时触头的数目、延时方式以及瞬动触头的数目。同时，也要注意触头电流、电磁线圈电压等是否符合控制线路的要求。

4. 速度继电器

速度继电器又称反接制动继电器，是一种转速控制元件，在控制系统中用作速度控制。它的主要结构是由转子、定子及触点三部分组成。

速度继电器主要用于三相异步电动机反接制动的控制电路中，它的任务是当三相电源的相序改变以后，产生与实际转子转动方向相反的旋转磁场，从而产生制动力矩，使电动机在制动状态下迅速降低速度。

2.1.4 变压器

变压器是输配电系统中的主要电气设备之一。当一次绕组通以交流电时，就产生交变的磁通，交变的磁通通过铁芯导磁作用，就在二次绕组中感应出交流电动势。二次感应电动势的高低与一二次绕组匝数的多少有关，即电压大小与匝数成正比。

按相数分，电力变压器有单相变压器和三相变压器两种。无论是单相变压器还是三相变压器，其主要部分都是由铁芯和绕在铁芯上的绕组组成。

变压器的额定值标注在铭牌上，即代表变压器在规定使用环境和运行条件下的主要技术数据，称为变压器的额定值（或称为铭牌数据），主要有：

（1）额定容量：是指变压器在正常运行时的视在功率，单位为伏安（V·A）或千伏安（kV·A）。对于一般的变压器，原、副边的额定容量都设计成相等。

（2）额定电压：在正常运行时，规定加在原边绕组上的电压，称为原边的额定电压；当副边绕组开路（即空载），原边绕组加额定电压时，副边绕组的测量电压，即为副边额定电压。在三相变压器中，额定电压系指线电压，单位为伏（V）或千伏（kV）。

（3）额定电流：是指根据额定容量和额定电压计算出来的电流值。原、副边的额定电流分别用 I_{1N}、I_{2N} 来表示，单位为安（A）。

（4）额定频率：我国以及大多数国家都规定 $f_N=50Hz$。变压器的铭牌上还一般会标注效率、温升、绝缘等级等参数。

现将施工现场常用的低压安全照明自耦变压器、安全隔离变压器做一介绍。

（1）自耦变压器也即自耦合变压器（也叫线性变压器），如图 2-7 所示。这种变压器结构比较简单、成本低、输入/输出和零线共用，变压器的副边是原边的一部分，其

一、二次侧共同用一个绕组，像是一个线出来的两个线圈，两个线圈利用电流的忽大忽小的差来切割磁力线进行变压，一般用在直流电的升压上。变压器的输出和输入有直接电联系，安全性能差。由于自耦变压器一、二次之间有电的直接联系，当高压侧过电压时会引起低压侧严重过电压，因此不能作为安全电压照明使用。

(2) 隔离变压器是指通过至少相当于双重绝缘或加强绝缘的绝缘，使输入绕组与输出绕组在电气上分开的变压器。拥有两个或两个以上独立分开的线圈的变压器都可以叫隔离变压器。安全隔离变压器是指为安全特低电压电路提供电源的隔离变压器。它是专门为配电电路、工具或其他设备提供安全特低电压而设计的，也是施工现场低压安全照明必选的供电设备。如图 2-8 所示，为常见的隔离变压器实物图。

图 2-7　自耦变压器

图 2-8　隔离变压器

2.1.5　断路器

低压空气断路器又称自动空气开关或空气开关，属开关电器，是用于当电路中发生过载、短路和欠压等故障时，能自动分断电路的电器，也可用于不频繁地起动电动机或接通、分断电路，分为万能式断路器、塑壳式断路器、小型断路器和漏电断路器等几种类型。

断路器一般由操作机构、触点、保护装置（各种脱扣器）和灭弧系统等组成。图 2-9所示为几种常见的断路器。断路器的主触点是靠手动操作或电动合闸的。主触点闭合后，自由脱扣机构将主触点锁在合闸位置上。过电流脱扣器的线圈和热脱扣器的

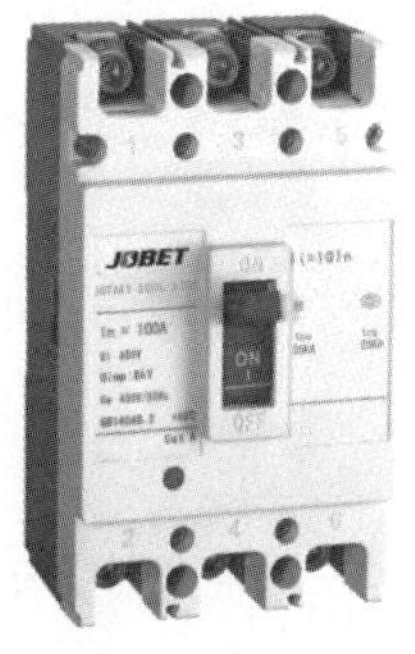

图 2-9　断路器

热元件与主电路串联，欠电压脱扣器的线圈和电源并联。当电路发生短路或严重过载时，过电流脱扣器的衔铁吸合，使自由脱扣机构动作，主触点断开主电路；当电路过载时，热脱扣器的热元件发热使双金属片向上弯曲，推动自由脱扣机构动作；当电路欠电压时，欠电压脱扣器的衔铁释放，也使自由脱扣机构动作；分励脱扣器则作为远距离控制用，在正常工作时，其线圈是断电的，在需要远距离控制时，按下起动按钮，使线圈通电，衔铁带动自由脱扣机构动作，使主触点断开。

外壳透明式 DZ20 系列断路器的外壳采用新型透明耐高温聚碳酸酯材料，分断时具有可见分断点，广泛应用于施工现场临时用电配电箱中。

2.1.6 互感器

互感器是按比例变换电压或电流的设备。互感器的功能是将高电压或大电流按比例变换成低电压或小电流，以便实现测量仪表、保护设备及自动控制设备的标准化、小型化。互感器还可用来隔开高电压系统，以保证人身和设备的安全。

电流互感器的结构较为简单，由相互绝缘的一次绕组、二次绕组、铁芯以及构架、壳体、接线端子等组成。电流互感器实际运行中负荷阻抗很小，二次绕组接近于短路状态，相当于一个短路运行的变压器。穿心式电流互感器不设一次绕组，其变比根据一次绕组穿过互感器铁芯中的匝数确定，穿心匝数越多，变比越小；反之，穿心匝数越少，变比越大。图 2-10 所示为几种常见的互感器。

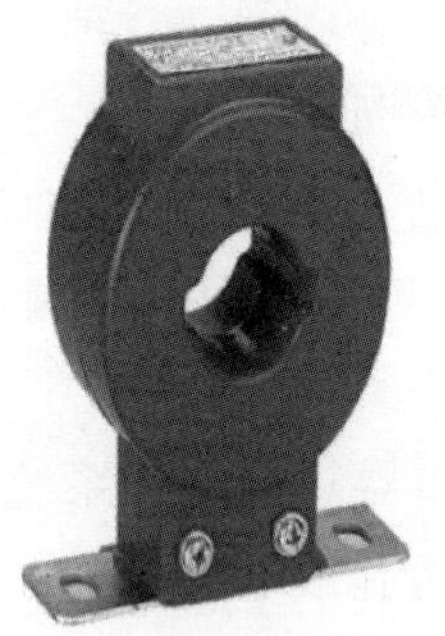

图 2-10 互感器

2.1.7 漏电保护器

漏电保护器又称漏电开关，是用于在电路或电器绝缘受损发生对地短路时防止人身触电和电气火灾的保护电器。

1. 漏电保护器的分类

(1) 漏电保护器按其动作原理可分为电压动作型和电流动作型两大类。电流动作型的漏电保护器又分为电磁式、电子式两种。

(2) 漏电保护器按其工作性质可分为漏电断路器和漏电继电器。

(3) 漏电保护器按其漏电动作值又分为高灵敏度型、中灵敏度型和低灵敏度型三种。

(4) 漏电保护器按其动作速度又分为高速型、延时型和反时限型三种。

(5) 漏电保护器按其极数和电流回路数分为单极两线漏电保护器、两极漏电保护器、两极三线漏电保护器、三极漏电保护器、三极四线漏电保护器和四极漏电保护器。图 2-11所示为几种常见的漏电保护器。

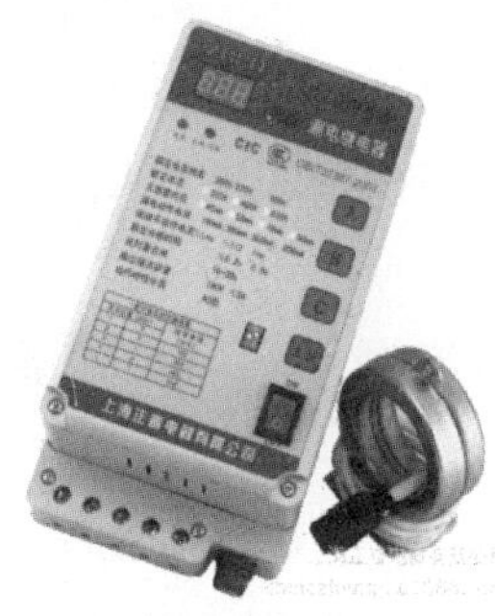

图 2-11　漏电保护器

2. 漏电保护器的选用

漏电保护器主要是对可能致命的触电事故进行保护，也能防止火灾事故的发生，因此要依据不同的使用目的和安装场所来选用漏电保护器。漏电保护器的选用主要是选择其特性参数。触电程度是和通过人体的电流值有关的，人体对通过的电流大小承受能力是不一样的，而且因人的体质、体重、性别及健康状况差异而有所不同。工频电流通过人体时危害最大，人体对电击的承受能力可参考表 2-1。

人体对电击的承受能力　　**表 2-1**

人体对交流 50Hz 电击的承受能力	感觉电流（mA）
刚有感觉	1
感觉到相当痛	5
痛得不能忍受	10
肌肉会产生激烈收缩，并且受害者不能自行摆脱	20
相当危险	50
会引起致命的后果	100

电击的强度和人体对电击的承受能力除了和通过人体的电流值有关外，还与电流在人体中持续的时间有关。1966 年，联邦德国的克彭提出在工频下把通过人体的电流（mA）与电流在人体中持续时间（s）的乘积为 50 作为安全界线，即 $I \cdot t = 50\text{mA} \cdot \text{s}$。后来国际上也承认这个观点，并提出还应考虑一个安全系数，即应使 $I \cdot t = 30\text{mA} \cdot \text{s}$。

选择漏电保护器的动作特性，应根据电气设备的使用环境的不同，选取合适的额定漏电动作电流。《施工现场临时用电安全技术规范》JGJ 46—2005 规定，使用电动建筑机械和手持电动工具时应遵循下述原则：

（1）一般场所，即室内的干燥场所必须使用额定漏电动作电流不大于 30mA、额定漏电动作时间不大于 0.1s 的漏电保护器。

（2）可能会受到雨水影响的露天、潮湿或充满蒸汽的场所，因为容易沾湿或出汗，人体电阻明显下降，危险性比干燥的场所大，故必须使用防溅型额定漏电动作电流不大于 15mA、额定漏电动作时间不大于 0.1s 的漏电保护器。

（3）对于双重绝缘的移动式电气设备，由于在露天、潮湿场所使用，并且带有一段需要经常移动的电缆，操作人员在使用这些用电设备时，又往往难以避免接触这部分电缆。为了防止因电缆绝缘损坏或用电设备受雨水、凝露影响而发生触电事故，故必须使用防溅型额定漏电动作电流不大于 15mA、额定漏电动作时间不大于 0.1s 的漏电保护器。

（4）操作人员在铁板、构架、基座等金属物体上和金属管道、锅炉等金属容器内工作时，由于人体大部分要和导电性物体相接触，极容易发生触电事故，因此要求使用安全低电压的用电设备，如使用Ⅱ类手持电动工具，但也必须装设额定漏电动作电流不大于 15mA，额定漏电动作时间不大于 0.1s 的漏电保护器。

（5）从安全角度考虑，漏电保护器的额定漏电动作电流选择得越小越好。但是，由于配电线路和用电设备总是存在正常的对地绝缘电阻和对地分布电容的，因此，在正常工作情况下，也会有一定的漏电电流，它的大小取决于配线长度、设备容量、导线布置，以及它们的绝缘水平和环境条件等。如果漏电保护器的额定漏电动作电流小于配电线路和用电设备的总泄漏电流，则会造成经常性的误动作并破坏供电的可靠性。所以，漏电保护器的额定漏电不动作电流值应大于供电线路和用电设备的总泄漏电流值。对于主干线或用来进行线路总保护的漏电保护器，选用的额定漏电动作电流应大于实测泄漏电流的 2 倍且额定漏电动作电流应大于 30mA，其动作特性应是延时型或反时限型的，即额定漏电动作时间大于 0.1s。

3. 漏电保护器的安装和维护

（1）安装

1）漏电保护器有 4 极、3 极和 2 极三种，要根据供电方式和电源电压按图 2-12 进行接线，接线时须分清相线极和零线极。

2）安装前必须检查漏电保护器的额定电压、额定电流、短路通断能力、漏电动作电流和漏电动作时间是否符合要求。

3）漏电保护器有负荷侧和电源侧之分时，安装接线不能反接。

4）对带有短路保护的漏电保护器，在分断短路电流时，位于电源侧的排气孔往往有电弧喷出，故应在安装时保证电弧喷出方向有足够的飞弧距离。

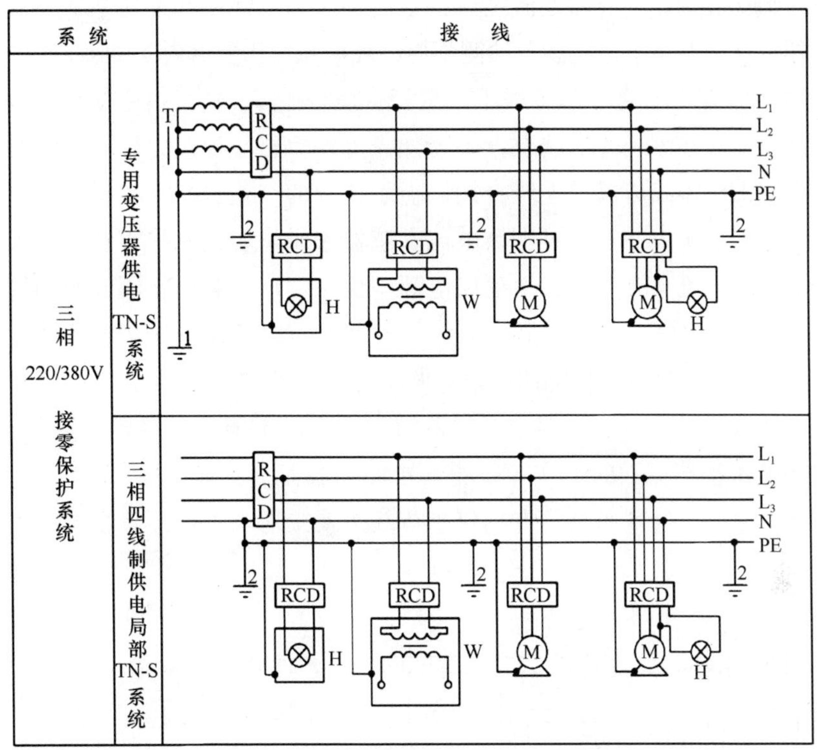

图 2-12　漏电保护器的接线图

5）漏电保护器的安装应尽量远离其他铁磁体和电流很大的载流导体。

6）施工现场使用的漏电保护器必须装在具有防雨措施的配电箱、开关箱里。

7）漏电保护器在安装前，有条件的单位最好进行动作特性参数测试，安装后投入使用前应操作试验按钮检验动作功能是否正常，正常后方可使用。使用过程中也要每月检验一次，以保证其始终能可靠地运行。

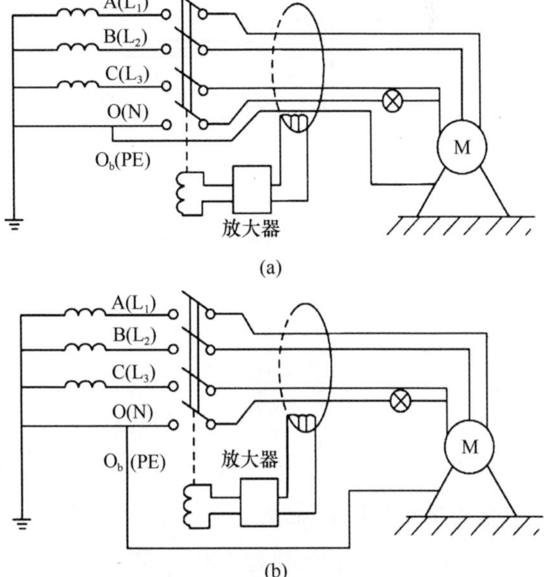

图 2-13　用电设备的接零保护

(a) 错误的接法；(b) 正确的接法

（2）接线

1）要严格注意零线的接法。正确的接法是工作零线一定要穿过剩余电流互感器，保护零线绝不能穿过剩余电流互感器，如图 2-13(b) 所示；否则，如图 2-13(a) 所示，当用电设备发生绝缘损坏故障时，故障电流经保护零线到工作零线，和工作电流一起穿过剩余电流互感器，这时剩余电流互感器检测不出故障电流，因此漏电保护器不能动作。

2）漏电保护器后面的工作零线不能重复接地。在TN-C配电系统中，一般除中性点处接地外，还应在零线的末端或设备的外壳上作重复接地。如果该系统装设了漏电保护器，由于工作零线与保护零线合用，当系统中的三相负荷不平衡时，不平衡电流将经过零线返回电源中性点，对剩余电流互感器来说，若此时将零线重复接地，将会有相当于漏电的分流电流 I 经大地返回电源中性点，这对剩余电流互感器而言，破坏了其内部的电流平衡状态，互感器的次级线圈就会有电信号输出，当 I 值大于或等于该漏电保护器的额定漏电动作电流值时，漏电保护器便产生误动作，如图2-14(a)所示。因此，在TN-C系统中，漏电保护器后面的零线不能重复接地。同样，在TN-S系统中，漏电保护器后面的工作零线也不能重复接地。正确的接线如图2-14(b)所示，它实际上是将TN-S系统的专用保护零线重复接地，所以不会影响漏电保护器的正常工作。

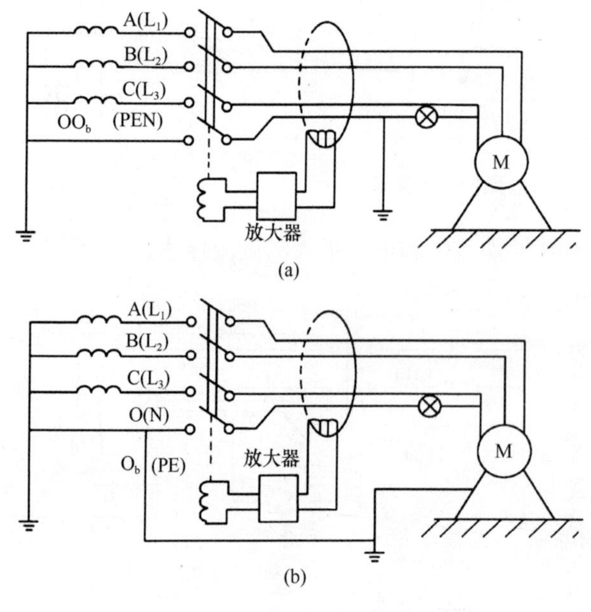

图2-14 零线的重复接地

(a) 错误的接法；(b) 正确的接法

3）采用分级漏电保护系统和分支漏电保护的线路，每一分支线路必须有自己的工作零线，下一级漏电保护器的额定漏电动作电流值必须小于上一级漏电保护器的额定漏电动作电流值，否则会造成上一级漏电保护器的误动作。

相邻分支线路的工作零线不能相连，也就是说漏电保护器后面的工作零线上不能有分流电流；否则，如同图2-14(a)中的情况，会造成该级漏电保护器误动作。如图2-15所示，若将 N_1 与 N_2 连接起来，则分支线路1和2均会有对方分流电流流过。此电流将导致漏电保护器1和2的剩余电流互感器内的电流平衡被破坏，当分流电流值大于或等于漏电保护器的额定漏电动作电流值时，漏电保护器就误动作。

4）工作零线不能就近支接，单相负荷不能在漏电保护器两端跨接。如图2-15所示，照明线路2的零线距中性线N过远，若就近支接分支线路1漏电保护器后面的工作零线，则照明线路2中的电流经 N_1 线返回电源中性线，造成分支线路1上漏电保护器的剩余电流互感器内部电流不平衡，当不平衡电流值大于或等于支路 1 漏电保护器的额定漏电动作电流值时，漏电保护器就会误动作。

单相负荷跨接在漏电保护器两侧（如图 2-16 中的灯泡），也会使漏电保护器 1 中剩余电流互感器内部的电流或磁通不平衡，使漏电保护器误动作。

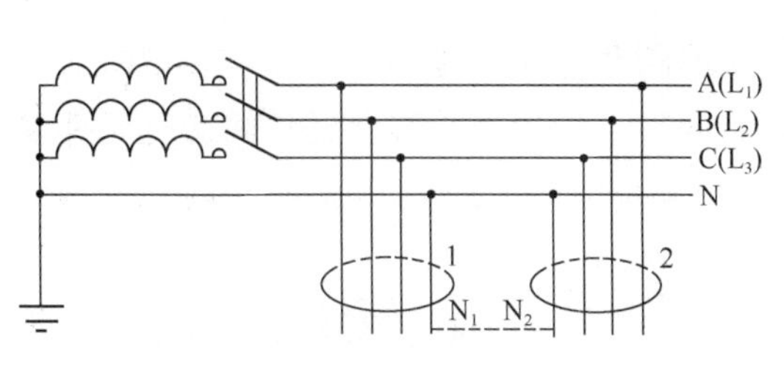

图 2-15　分支线路的工作零线错误接线示意图

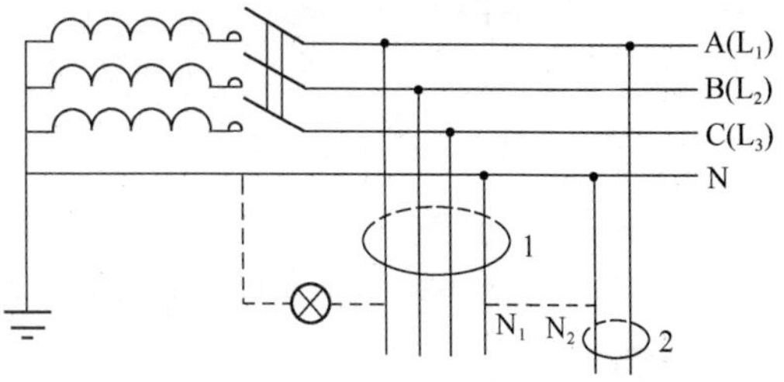

图 2-16　工作零线支接、跨接错误接线图
1—支路 1 漏电保护器；2—支路 2 漏电保护器

漏电保护器在隔离变压器系统中不起保护作用，这是因为隔离变压器后的线路形成了非接地系统。

（3）维护

漏电保护器是涉及人身安全的电器产品。因此，要选用技术先进、质量可靠的产品。有条件时还应对其动作特性参数进行测试。在使用过程中应定期检测，及时将达不到要求的漏电保护器换下来，并做好漏电保护器的运行和检查记录，发现问题及时处理，对常见的小故障要有专业人员维修，大的故障应送生产厂商维修。漏电保护器经维修后应进行下述项目的检查：

1）检查漏电保护器的拨动开关机构是否灵活，是否有卡住和滑扣现象，须保证开关机构的机械动作性能良好。

2）检查绝缘电阻。一般的漏电保护器须在进出线端子间、各接线端子与外壳间、接线端子之间进行绝缘电阻测量，其绝缘电阻值应不低于 1.5MΩ。

3）漏电保护性能检查。在带电状态下，简便的检查方法是按动漏电保护器的试验按钮，如开关机构迅速灵敏地跳闸，则该保护器工作正常。对正在运行的漏电保护器，最好能在线检测其漏电动作电流和漏电动作时间。这样，在施工现场中就能直接检测运行中的漏电保护器的动作特性，从而可以判断该漏电保护器工作是否可靠。如果漏电保护器在使用过程中频繁动作，而配电系统无异常现象，则有可能是漏电保护器的漏电动作灵敏度选择不当，也有可能漏电保护器本身存在故障。

对漏电保护器的动作或误动作均应检查其原因，只有在找出原因、排除故障后，漏电保护器才能重新合闸使用。漏电保护器是否有故障，可利用漏电保护器的试验按钮检查，或外接接地的电阻模拟漏电，或使用漏电保护器动作参数测试仪来判别。低压配电线路或负载的接地故障可通过逐步接入各分支线路的方法来判别。

2.1.8 传感器

传感器是一种检测装置，能感受到被测量的信息，并能将感受到的信息，按一定规律变换成为电信号或其他所需形式的信息输出，以满足信息的传输、处理、存储、显示、记录和控制等要求。

传感器一般由敏感元件、转换元件、变换电路和辅助电源四部分组成。敏感元件直接感受被测量，并输出与被测量有确定关系的物理量信号；转换元件将敏感元件输出的物理量信号转换为电信号；变换电路负责对转换元件输出的电信号进行放大调制；转换元件和变换电路一般还需要辅助电源供电。

传感器的特点包括：微型化、数字化、智能化、多功能化、系统化、网络化。它是实现自动检测和自动控制的首要环节。传感器的存在和发展，让物体有了触觉、味觉和嗅觉等感官，让物体慢慢变得活了起来。通常根据其基本感知功能分为热敏元件、光敏元件、气敏元件、力敏元件、磁敏元件、湿敏元件、声敏元件、放射线敏感元件、色敏元件和味敏元件等十大类。施工现场较为常用的有压力传感器、光照传感器、速度传感器、声音传感器等等。图 2-17 所示为几种常见的传感器。

图 2-17 传感器

2.1.9 其他低压电器

随着数据通信、装配式建筑、智能制造等行业的快速发展，以一体化、系统化、高性能、网络化、节能环保为主要特征的新一代智能化低压电器将成为市场主流产品。应运而生的施工现场远程化、智能化和科技化也随之发生巨大变化，使得新一代的低压电器产品显示出了优越的性能和更强的生命力。

现阶段低压电器已经涌现出了一批集成化电器，例如变频装置、感应开关、远程控制器、自动启停器、遥感电器、智能调节器、语音控制开关以及各类人工智能开关等等，智能化低压电器将会在今后的施工现场发挥着重要作用。

2.2 电动机

电动机在电路中的主要作用是产生驱动转矩，作为用电器或各种机械的动力源。

电动机按工作电源种类分为交流电动机和直流电动机两大类。交流电动机又分为异步电动机和同步电动机，异步电动机又可分为单相异步电动机和三相异步电动机。其中，三相异步电动机是建筑施工现场中为最常用的电动机。

异步电动机的优点是结构简单，运行可靠，使用方便，价格较低；缺点是功率因数较低，调速性能稍差。

2.2.1 三相异步电动机

1. 三相异步电动机的构造

三相异步电动机也叫三相感应电动机，主要由定子和转子两个基本部分组成，转子分为鼠笼式和绕线式两种。

具有鼠笼式和绕线式转子的电动机分别称为鼠笼式电动机和绕线式电动机，是异步电动机的两个主要类别。

(1) 定子

三相异步电动机的定子包括机座、铁芯、绕组、端盖等，如图 2-18 所示。机座常用铸铁制成，机座内装有 0.5mm 厚硅钢片叠成的筒形铁芯，硅钢片间互相绝缘以减少涡流损失。铁芯的内表面上分布着与轴平行的槽，槽内嵌放三相绕组，绕组与铁芯绝缘。定子的绕组对称分布在定子铁芯上，它们的起端分别用 U_1、V_1、W_1表示，对应的末端分别用 U_2、V_2、W_2表示。绕组可以接成“Y”形或“△”形。为了便于改变接线，三相绕组的 6 个线头都接在电动机外壳上的接线盒内。

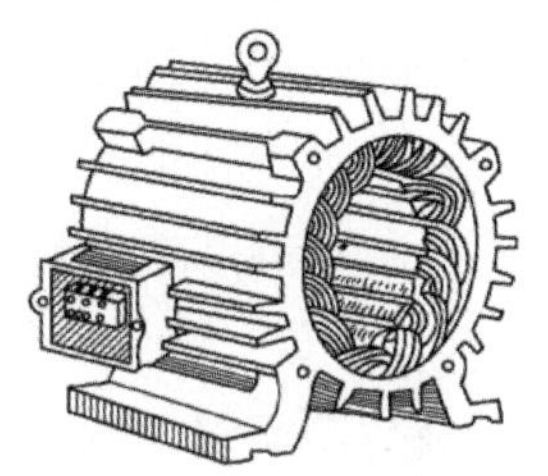
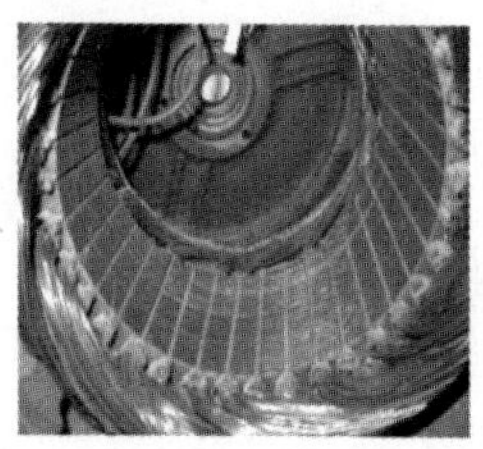

图 2-18 三相异步电动机的定子绕组

(2) 转子

三相异步电动机转子的铁芯也是由互相绝缘的硅钢片叠成，压装在转轴上。转子外表面上有均匀分布的槽，槽内嵌放转子绕组。

鼠笼式转子的绕组分铜条绕组和铸铝绕组两种。前者的结构是铜条插在槽内，铜条的两端分别焊接在两个端环上，像一个鼠笼。后者的外形和铜条绕组类似，区别是用铝浇铸而成。如图 2-19 所示，为鼠笼式电机的转子。

绕线式转子的绕组和鼠笼式转子的绕组差别很大。它和定子绕组相似，也是三相

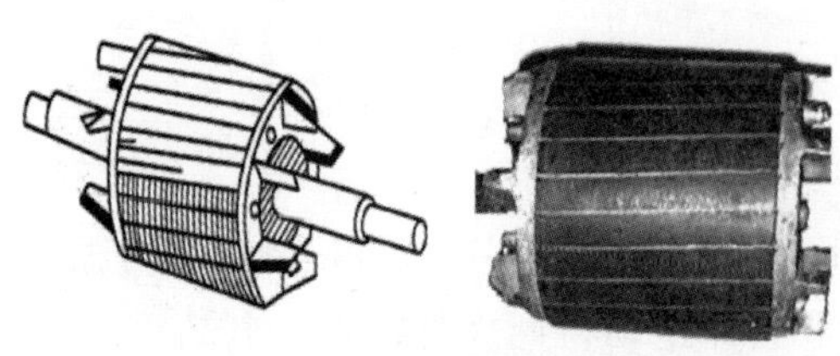

图 2-19　鼠笼式电动机的转子

绕组，但三相绕组恒作“Y”形联接。三相绕组的三个末端接在一起，三个首端分别接到固定在转轴上的三个铜滑环上。滑环除互相绝缘外还与转轴绝缘。各滑环上放置着固定不动的电刷，三相绕组通过电刷与外接变阻器连接而实现自行闭合。绕线式电动机转子绕组的这种结构便于启动和调速。如图 2-20 所示，为绕线式电动机的转子；如图 2-21 所示，为绕线式电动机的滑环结构。

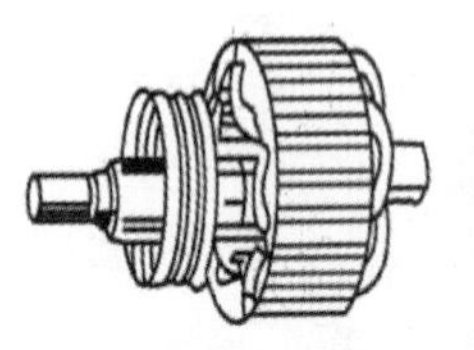

图 2-20　绕线式电动机的转子

图 2-21　绕线式电动机的滑环机构

2. 三相异步电动机的工作原理

为了使电动机旋转起来，需要建立磁场。直流电动机的磁场是固定的，而异步电动机定子三相绕组建立的磁场是旋转的，称旋转磁场。和直流电动机一样，异步电动机的转子绕组中也必须有电流流过转子才能旋转起来；不同的是，直流电动机转子绕组中的电流是外加电压产生的，而异步电动机转子绕组中的电流是由旋转磁场感应产生的。

三相异步电动机的工作原理是：给定子的三相绕组加上三相交流电压，绕组中的三相电流产生了旋转磁场。假设旋转磁场顺时针方向旋转，则转子相对于磁场沿逆时针方向旋转，故转子绕组切割了磁力线，闭合的绕组内产生了感应电流，这时转子相当于载流导体。载流导体在磁场中会受到力（安培力）的作用，力矩使转子转动起来。

转子的转速 n 永远小于旋转磁场的转速（同步转速）n_1，这是因为只有在 n 小于 n_1 的情况下，转子和旋转磁场间才存在相对运动，转子绕组也才切割磁力线，所以这种电动机被称异步电动机。由于异步电动机的转子电流是靠电磁感应产生的，故又称感应电动机。

3. 三相异步电动机的技术指标

技术指标是由设计单位和生产厂家规定（额定）的产品的技术参数，它是产品性能的反映，是选择使用的重要依据。

主要技术指标有额定电压（U_e）、额定电流（I_e）、额定功率（P_e）、额定转速（n_e）、额定温升（τ_e）、工作方式、功率因数（$\cos\phi$）、频率（f）、绝缘等级、效率（η）、启动电流（I_j）等。

2.2.2　单相异步电动机

采用单相交流电源的异步电动机称为单相异步电动机。单相异步电动机由于只需要单相交流电，故使用方便、应用广泛，并且有结构简单、成本低廉、噪声小、对无线电系统干扰小等优点，因而常用在功率不大的小型电器和动力机械中，如电镐、电钻、振捣棒、抛光机、切割锯、洗车机、小型风机、炮雾机及各类小型潜水泵等。图2-22所示为常见的几种单相异步电动机。

图2-22　单相异步电动机

2.2.3　电动机的选择和使用

1. 异步电动机的型号

图2-23所示为三相异步电动机的型号标识。

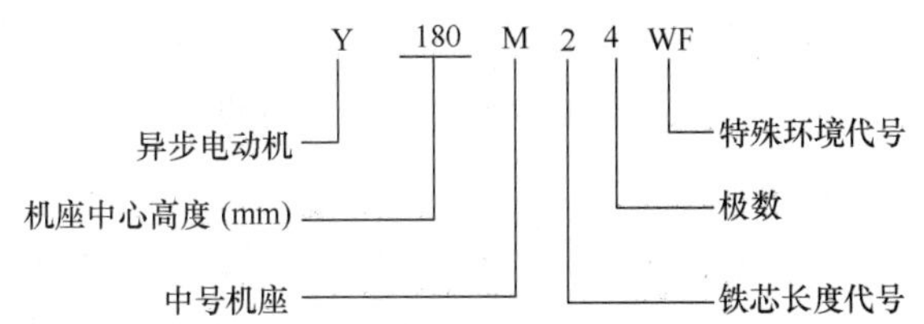

图2-23　异步电动机的型号标识

三相异步电动机的型号表示如下：

(1) 电动机常见种类代号：

Y——异步电动机。

YD——变极多速型。

YEJ——电磁制动型。

YVP——变频调速型。

YZD——起重用电动机。

YZR——绕线异步电动机。

(2) 机座代号：S、M、L 分别表示短、中、长机座。

(3) 特殊环境代号：

W——户外型。

F——防腐蚀型。

2. 电动机的选择

(1) 电动机种类的选择

鼠笼式电动机构造简单、坚固耐用，起动设备比较简单，价格较低。但它的起动电流大，起动转矩较小，转速不易调节。一般适用于 100kW 以下、不经常启动、不调速的机械，例如一般机床、泵类、通风机、搅拌机和运输机等。

绕线式电动机起动电流小，起动转矩大，并能在小范围内调速，但结构较复杂，价格较高，适用于电源容量较小（不允许起动电流太大）、要求起动转矩大、经常起动和要求小范围调速的场合，如破碎机、起重机等。

(2) 电动机结构型式的选择

电动机的结构型式有开启式、防护式、封闭式和防爆式等。

开启式电动机的绕组和旋转部分没有特别的遮盖装置，通风散热良好、造价低，但只适用于干燥、清洁、没有灰尘和没有腐蚀性气体的厂房内。

防护式电动机的外壳能防止铁屑、水滴等杂物落入电机内部，但显著妨碍通风散热，适用于一般使用场合。

封闭式电动机的外壳是全封闭的，散热性能较差。为改善散热条件，机壳上制有散热片，尾部外部装风扇，适用有水土飞溅、尘雾较多的工作环境。

防爆式电动机具有坚硬的密封外壳，即使爆炸性气体浸入电动机内部发生爆炸，机壳也不会爆炸，从而可防止事故扩大，适用于有爆炸性气体、粉尘的场合。

(3) 电动机功率的选择

电动机的功率选大了，设备不能得到充分利用，功率因数也低；选小了将造成温升过高，严重影响电动机的寿命。若工作温升高于额定温升 6～8℃，电动机的寿命就要减少一半（常称 6～8℃规则）。如果工作温升高于额定温升的 40%，那么电动机的使用寿命将大幅度缩短。应根据实际需要的功率来选择电动机，可根据电动机的额定功率等于实际需要功率的 1.1～1.2 倍进行选择。

(4) 电动机转速的选择

当功率一定时，电动机的转速越低，其尺寸越大，成本越高。故应尽量采用高速电机（通常采用 1500r/min 的电动机），需要低转速时可配置减速器。

3. 电动机的安全使用和维护保养

(1) 正确选择保护电动机的低压电器，如电源开关、保护器、热继电器等，保障电动机安全运行。

(2) 电动机起动之前，特别是初次使用或长时间没有使用的电动机要认真检查。检查电动机的基础是否牢靠，接线是否正确，起动设备是否完好，熔丝的选择是否恰当，各部件有无损坏、松动现象；检查绕线式电动机的电刷和滑环的接触是否良好；检查电动机及其拖动的机械转动是否灵活，电动机外露的旋转部分是否有防护罩。然后空载起动，如情况正常再负载试运行。发生堵转时要紧急停车。

(3) 注意防止灰尘、油污和水滴等进入电动机，经常保持电动机的内外清洁。绕组上有油污时可用布蘸四氯化碳擦洗。

(4) 注意防潮，特别是在雨季。电动机受潮后，其绝缘性能明显降低。确定电动机是否受潮可用兆欧表测量各相之间和各相与外壳之间的绝缘电阻，一般不应低于 0.5MΩ，否则要进行烘干处理。

(5) 要防止杂物堵塞电动机风道，保持电动机通风良好，避免电动机在阳光下曝晒。

(6) 注意对轴承的保养。对于经常运行的电机，根据使用情况每隔 3～4 个月换油一次。换油时先除去旧油，用汽油洗净轴承并晾干，再添新油。不经常运行的电机每年换油一次。如发现轴承磨损过大要及时更换。

(7) 对于绕线式电动机，要经常检查维护其滑环和整流子，保证它们不偏心、不摆动，表面光滑无伤痕、无烧伤。要保证电刷接触良好，运行时火花正常，电刷磨损超过 1/3 时要及时更新。

(8) 运行中发现故障要及时分析处理，不允许电动机带“病”运行，不允许长时间过压、欠压和过载运行。

(9) 修理电动机时首先要切断电源，锁上开关箱并在开关箱处挂上“请勿合闸”之类的警示牌子。

3 施工现场常用电工工具和仪表

3.1 常用电工工具

电工工具是进行电气操作的基本工具，建筑电工必须掌握电工常用工具的结构、性能和正确的使用方法。常用的电工工具包括试电笔、电工刀、螺丝刀、电工钳具、扳手和电烙铁等。

3.1.1 试电笔

试电笔也称验电笔，简称电笔，它是用来检验导线、电器和电气设备的金属外壳是否带电的一种电工工具。试电笔常做成钢笔式结构，有的也做成小型螺丝刀结构。试电笔由探头、电阻、观察孔、氖管、笔身、弹簧和金属端盖等组成，如图 3-1 所示。测试时如果氖管发光，说明导线有电。使用时，必须手指触及笔尾的金属部分，并使氖管小窗背光且朝自己，以便观测氖管的亮暗程度，防止因光线太强造成误判断。

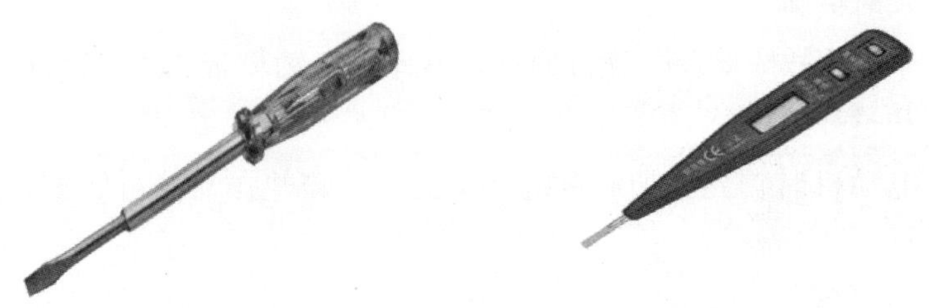

图 3-1 试电笔

当用电笔测试带电体时，电流经带电体、电笔、人体及大地形成通电回路，只要带电体与大地之间的电位差超过 60V，电笔中的氖管就会发光。低压验电器检测的电压范围是 60～500V。

使用试电笔时，应注意以下事项：

（1）使用前，必须在有电源处对验电器进行测试，以证明该验电器确实良好，方可使用。

（2）验电时，应使验电器逐渐靠近被测物体，直至氖管发亮，不可直接接触被测体。

（3）验电时，手指必须触及笔尾的金属体，否则带电体也会误判为非带电体。

（4）验电时，要防止手指触及笔尖的金属部分，以免造成触电事故。

近年来，还出现了液晶数显感应试电笔，无须物理接触，即可检查控制线、导体和插座上的电压数值，既灵敏又安全。

3.1.2 电工刀

电工刀是电工常用的一种切削工具，如图 3-2 所示。它主要用于切削导线的绝缘层、电缆绝缘、木槽板等。有的电工刀上带有锯片和锥子，可用来锯小木片和锥孔。

使用电工刀时，应注意以下事项：

（1）电工刀没有绝缘保护，禁止带电作业，以免触电。

（2）应将刀口朝外剖削，并注意避免伤及手指。

（3）剖削导线绝缘层时，应使刀面与导线成较小的锐角，以免割伤导线。

（4）避免切割坚硬的材料，以保护刀口。

（5）使用完毕，随即将刀身折进刀柄。

3.1.3 螺丝刀

螺丝刀，是一种用来拧转螺丝钉以迫使其就位的工具，由刀头和柄组成，如图 3-3 所示。刀头形状常见的有一字形和十字形两种，分别用于旋动头部为横槽或十字形槽的螺钉。

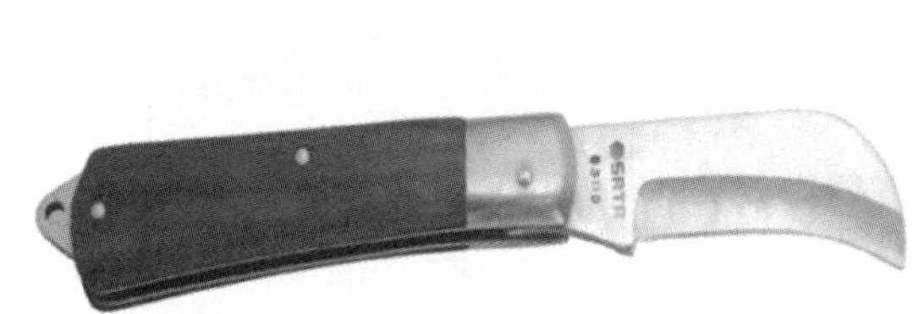

图 3-2 电工刀

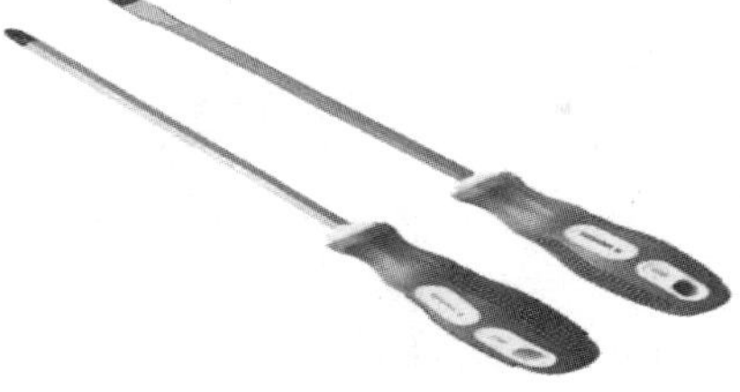

图 3-3 螺丝刀

使用螺丝刀时，应注意以下事项：

（1）螺丝刀较大时，除大拇指、食指和中指要夹住握柄外，手掌还要顶住柄的末端以防旋转时滑脱。

（2）螺丝刀较小时，用大拇指和中指夹着握柄，同时用食指顶住柄的末端用力旋动。

（3）螺丝刀较长时，用右手压紧手柄并转动，同时左手握住螺丝刀的中间部分（不可放在螺钉周围，以免将手划伤），以防止螺丝刀滑脱。

（4）带电作业时，手不可触及螺丝刀的金属杆，以免发生触电事故。

（5）为避免螺丝刀的金属杆触及带电体时手指碰触金属杆，电工用螺丝刀应在螺丝刀金属杆上穿套绝缘管。

3.1.4 电工钳具

1. 钢丝钳

钢丝钳，如图 3-4 所示，主要用于夹持或弯折薄片形、圆柱形金属零件及切断金属丝。在电工作业时，钳口可用来弯绞或钳夹导线线头；齿口可用来紧固或起松螺母；刀口可用来剪切导线或钳削导线绝缘层；铡口可用来铡切导线线芯、钢丝等较硬线材。

使用钢丝钳时，应注意以下事项：

(1) 使用前，检查钢丝钳绝缘是否良好，以免带电作业时造成触电。

(2) 使用时，应注意保护绝缘套管，以免划伤失去绝缘作用。

(3) 在带电剪切导线时，不得用刀口同时剪切不同电位的两根线（如相线与零线、相线与相线等），以免发生短路。

(4) 不可将钢丝钳当锤使用，以免刃口错位、转动轴失圆，影响正常使用。

2. 尖嘴钳

尖嘴钳是仪表及电气设备等装配及修理工作常用的工具，如图 3-5 所示。因其头部尖细，适用于在狭小的工作空间操作。

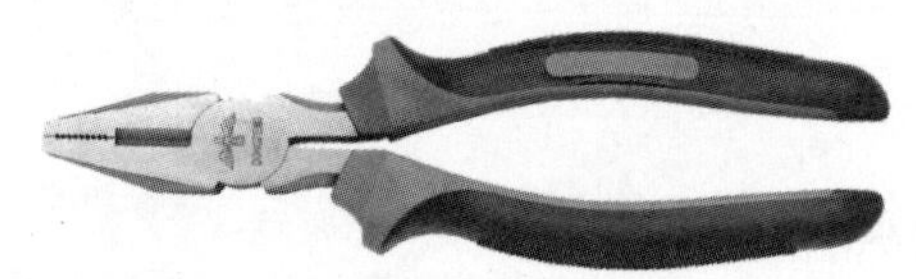

图 3-4 钢丝钳

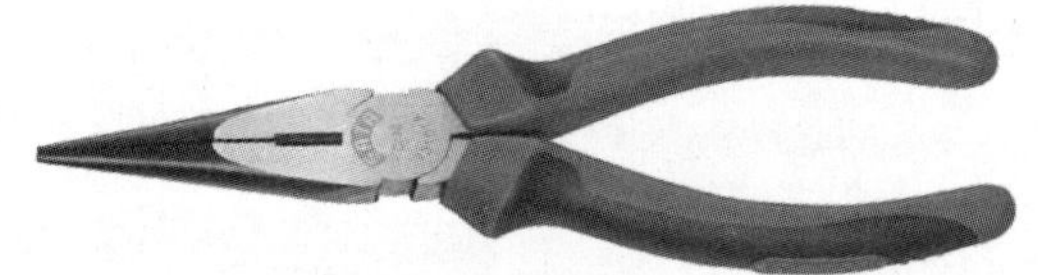

图 3-5 尖嘴钳

尖嘴钳可用来剪断较细小的导线，夹持较小的螺钉、螺帽、垫圈、导线等；也可用来对单股导线整形（如平直、弯曲等）以及给单股导线接头弯圈、剥塑料绝缘层等。

使用尖嘴钳带电作业前，应检查其绝缘是否良好，在作业时金属部分不要触及人体或邻近的带电体。

3. 斜口钳

斜口钳，如图 3-6 所示，在电工作业中专用于剪断各种电线电缆。

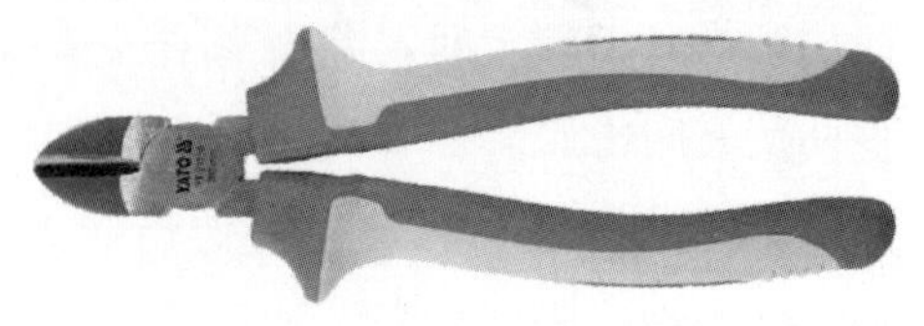

图 3-6 斜口钳

斜口钳的刀口可用来剖切软电线的橡皮或塑料绝缘层。钳子的刀口也可用来切剪电线、铁丝。剪镀锌铁丝时，应用刀刃绕表面来回割几下，然后只需轻轻一扳，铁丝即断。铡口也可以用来切断电线、钢丝等较硬的金属线。在对粗细不同、硬度不同的材料实施剪断时，应选用大小合适的斜口钳。

4. 剥线钳

剥线钳是专用于剥削较细小导线绝缘层的工具，如图 3-7 所示为常用的剥线钳。

图 3-7 剥线钳

剥线钳钳口分有 0.5～3mm 的多个直径切口与不同规格线芯线直径相匹配，切口过大难以剥离绝缘层，切口过小会切断芯线。使用剥线钳剥削导线绝缘层时，先将要剥削的绝缘长度用标尺定好，然后将导线放入相应的刃口中（比导线直径稍大），再用手将钳柄一握，导线的绝缘层即被剥离。

5. 压线钳

压线钳是电工常用工具，施工现场常用的压接钳主要用于小面积铜铝端子的压接，适用于室内安装、小型配电柜安装及电动机械电缆接线。其种类较多，压接范围较广，能保证压线牢固，电气连接良好。如图 3-8 所示为常用的压线钳。

压线钳的使用方法如下：

图 3-8 压线钳

(1) 将导线进行剥线处理，裸线长度根据线径和压线片确定，与压线片的压线部位大致相等。

(2) 将压线片的开口方向向着压线槽放入，并使压线片尾部的金属带与压线钳平齐。

(3) 将导线插入压线片，对齐后压紧。

(4) 将压线片取出，观察压线的效果，掰去压线片尾部的金属带即可使用。

3.1.5 扳手

1. 活络扳手

活络扳手又叫活扳手，是一种旋紧或拧松有角螺丝钉或螺母的工具，如图 3-9 所示。

活络扳手由呆扳唇、活扳唇、蜗轮、轴销和手柄组成。电工常用的有 200mm、250mm、300mm 三种，使用时应根据螺母的大小选配。

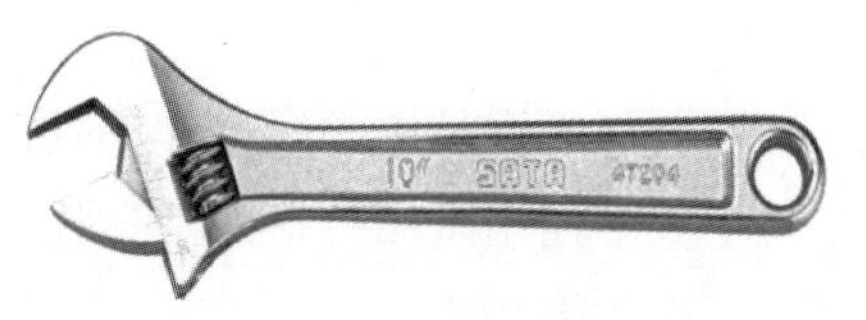

图 3-9 活络扳手

使用活络扳手时，应注意以下几点：

(1) 扳动小螺母时，因需要不断地转动蜗轮，调节扳口的大小，所以手应靠近呆扳唇，并用大拇指调制蜗轮，以适应螺母的大小。

（2）活络扳手的扳口夹持螺母时，呆扳唇在上，活扳唇在下，切不可反过来使用。

（3）在扳动生锈的螺母时，可在螺母上滴几滴煤油或机油。

（4）在拧不动时，切不可采用钢管套在活络扳手的手柄上来增加扭力，因为这样极易损伤活络扳唇。

（5）不得把活络扳手当锤子用。

2. 内六角扳手

内六角扳手也叫艾伦扳手，使用内六角扳手时，应先将六角头插入内六角螺钉的六方孔中，用左手下压并保持两者的相对位置，以防转动时从六方孔中滑出；右手转动扳手，带动内六角螺钉紧固或松开。如图 3-10 所示为几种常见用的内六角扳手。

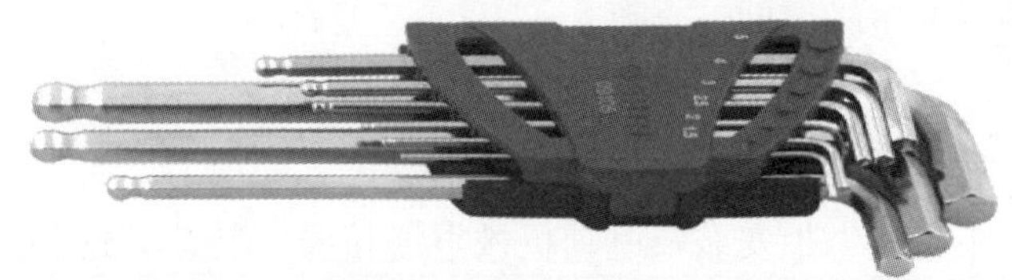

图 3-10　内六角扳手

安全使用规则：

（1）不能将公制内六角扳手用于英制螺钉，也不能将英制内六角扳手用于公制螺钉以免造成打滑而伤及使用者。

（2）不能在内六角扳手的尾端加接套管延长力臂，以防损坏内六角扳手。

（3）不能用钢锤敲击内六角扳手，在冲击载荷下，内六角扳手极易损坏。

3. 其他常见的扳手

图 3-11 所示为几种常见的扳手。

（1）开口扳手，也称呆扳手。它有单头和双头两种，其开口是和螺钉头、螺母尺寸相适应的，并根据标准尺寸做成一套。

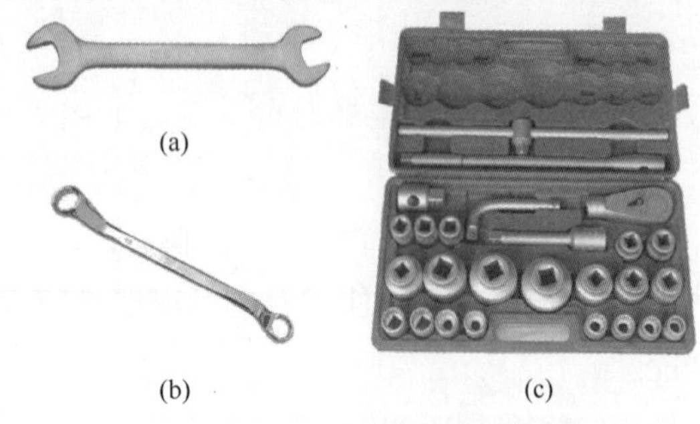

图 3-11　常用的几种扳手

（a）开口扳手；（b）整体扳手；（c）套筒扳手

（2）整体扳手，有正方形、六角形、十二角形。其中梅花扳手在电工中应用颇广，它只要转过 30°，就可改变扳动方向，所以在狭窄的地方工作较为方便。

（3）套筒扳手是由一套尺寸不等的梅花筒组成，使用时用弓形的手柄连续转动，工作效率较高。

3.1.6 电烙铁

电烙铁是电工进行制作和维修时必不可少的工具，主要用途是焊接元件及导线，可将不同的工件、元器件与线路板焊接在一起。电烙铁按结构可分为内热式电烙铁和外热式电烙铁；按功能可分为焊接用电烙铁和吸锡用电烙铁。内热式的电烙铁体积较小，发热效率较高，更换烙铁头也较方便。

1. 电烙铁

电烙铁由发热部分、储热部分和手柄部分组成。发热部分又称发热器，由在云母或陶瓷绝缘体上缠绕高电阻系数的金属材料构成，它的作用是将电能转换成热能；电烙铁的储热部分是烙铁头，通常采用密度较大和比热较大的铜或铜合金做成，烙铁头有多种形式，可根据用途选用，如图 3-12 所示为常用的电烙铁。

2. 电烙铁的使用

电烙铁初次使用时，应给电烙铁头挂锡，以便今后使用沾锡焊接。挂锡的方法很简单，通电之前，先用砂纸或小刀将烙铁头端面清理干净，通电以后，待烙铁头温度升到一定程度时，将焊锡放在烙铁头上熔化，使烙铁头端面挂上一层锡。挂锡后的烙铁头，随时都可以用来焊接。

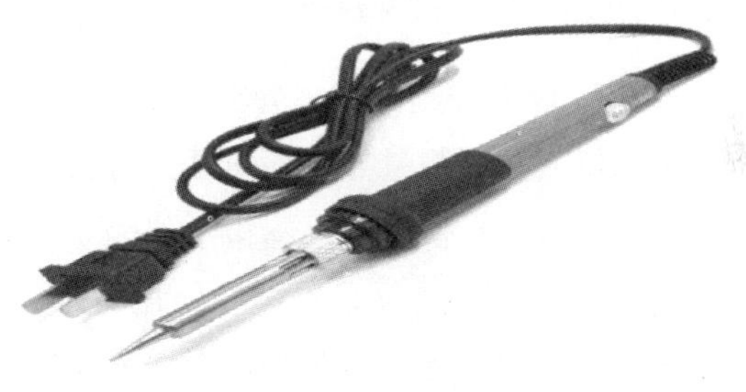

图 3-12 电烙铁

用电烙铁焊接时，除了必须有焊锡条做焊料直接用于焊接之外，还应该备有助焊剂。助焊剂顾名思义就是有助于焊接的物质，它可以清洁焊接物表面和清除溶锡中的杂质，提高焊接质量。常用的助焊剂有松香和焊锡膏（俗称焊油），其中松香是一种腐蚀性很小的天然树脂。焊锡条（又称焊锡丝）里就带有松香，故俗称松香芯焊锡条。焊锡膏也是一种很好的助焊剂，但是其腐蚀性比较强，本身又不是绝缘体，故不宜用于元件的焊接，大多用于面积较大的金属构件的焊接，使用量也不宜过多，焊接完成以后应使用酒精棉球将焊接部位擦干净，防止残留的焊锡膏腐蚀焊点和焊接件，影响产品的质量和寿命。使用电烙铁时，应注意以下事项：

（1）使用前应检查电源线是否良好，有无被烫伤。

（2）选用合适的焊锡，应选用焊接电子元件用的低熔点焊锡丝。

（3）焊接时间不宜过长，否则容易烫坏元件，必要时可用镊子夹住管脚帮助散热。

（4）焊点应呈正弦波峰形状，表面应光亮圆滑，无锡刺，锡量适中。

（5）焊接完成后，要用酒精把线路板上残余的助焊剂清洗干净，以防炭化后的助焊剂影响电路正常工作。

（6）焊接完毕，应拔去电源插头，将电烙铁置于金属支架上，防止烫伤或火灾的发生。

3.2 常用电工仪表

电可以借助于仪表测量出来，通常将用于电气工程测量的仪表称为电工仪表。施工现场常用的电工仪表，主要有电流表、电压表、万用表、绝缘电阻表、接地电阻测试仪和漏电保护器测试仪等。

3.2.1 电工仪表的分类

电工仪表按其特征不同有许多分类方法，通常主要是按测量方式、工作原理等不同进行分类。

1. 电工仪表按测量方式分类

电工仪表按其测量方式不同可分为以下四种基本类型。

（1）直读指示仪表。直读指示仪表是利用将被测量直接转换成指针偏转角的方式进行测量的一类电工仪表，具有使用方便、精确度高的优点。例如 500 型万用电表、钳形电流表、兆欧表等均属于直读指示仪表。

（2）比较仪表。比较仪表是利用被测量与标准量的比值进行测量的一类电工仪表，常用的比较仪表有 QJ-23 电桥、QS-18A 万用电桥等。

（3）图示仪表。图示仪表是通过显示两个相关量的变化关系进行测量的一类电工仪表。常用的各种示波器，如 SC-16 光线示波器、XJ-16 通用示波器等都属于图示仪表。

（4）数字仪表。数字仪表是通过将模拟量转换成数字量显示的一类电工仪表，它也具有使用方便，精确度高的优点，例如 PZ8 数字电压表、IM2215 数字式万用电表等都属于数字仪表。

施工现场所用的电工仪表绝大多数是采用直接方式测量的直读指示仪表。

2. 电工仪表按工作原理分类

电工仪表按其工作原理不同还可分为磁电式仪表、电磁式仪表、电动式仪表、感应式仪表和电子式仪表等。

3. 电工仪表按所测电流分类

电工仪表按所测电流的种类不同分为直流表、交流表和交直流两用表。施工现场所用的电工仪表绝大部分为交流表。

4. 电工仪表按计数方式分类

电工仪表按其计数方式不同分为指针式仪表和数字式仪表。

3.2.2　仪表面板符号

不同类型的电工仪表，具有不同的技术特性。为了便于选择和使用仪表，通常把这些技术特性用不同的符号标示在仪表的刻度盘或面板上。根据国家标准的规定，每只仪表应有测量对象单位、准确度等级、工作原理系别、使用条件组别、工作位置、绝缘强度试验电压和各类仪表的标志。使用仪表时，必须首先看清各种标记，以确定该仪表是否符合测量要求。常用电工仪表符号意义见表 3-1。

常用电工仪表符号意义　　**表 3-1**

序号	图形符号	含义	序号	图形符号	含义
1		磁电式仪表	16	～50	交流 50Hz
2		磁电式比率表	17	2kV	仪表绝缘试验电压 2000V
3		电磁式仪表	18		仪表垂直安放时使用
4		电磁式比率表	19	∠60°	仪表倾斜 60°
5		电动式仪表	20		仪表水平安放时使用
6		电动式比率表	21		具有单元件的三相平衡负载的交流
7		铁磁电动式仪表	22		公共端钮（多量程仪表）
8		铁磁电动式比率表	23		电源端钮（功率表、无功功率表、相位表）
9		感应式仪表	24		与屏蔽相连接的端钮
10		静电式仪表	25		接地端钮
11		整流式仪表	26		注意：遵照使用说明规定
12		热电式仪表	27		与外壳相连接的端钮
13		直流	28		与仪表可动线圈连接的端钮
14		交流	29		调零器
15		交直流			

3.2.3 电工仪表的技术指标

电工仪表的主要技术指标包括误差、准确度和灵敏度。

1. 电工仪表误差

不论仪表的质量如何，它的测量值和实际值之间总是有误差的，因此“误差”是衡量电工仪表准确性的标准。它有以下三种表达形式：

（1）绝对误差。即电工仪表指示值（Δ）与实际值（A_0）之间的代数差，用Δ表示，其表达式为：

$$\Delta = A_X - A_0 \tag{3-1}$$

（2）相对误差。即绝对误差（Δ）与实际值（A_0）之比的百分数，用r_0表示，其表达式为：

$$r_0 = \frac{\Delta}{A_0} \times 100\% \tag{3-2}$$

（3）引用误差。即绝对误差（Δ）与测量仪表上限（A_m）之比的百分数，用r_m表示，其表达式为：

$$r_m = \frac{\Delta}{A_m} \times 100\% \tag{3-3}$$

它用来表示仪表的基本误差，即仪表的准确度。

2. 电工仪表的准确度

根据其测量的准确度或精度不同，电工仪表可分为七级：0.1、0.2、0.5、1.0、1.5、2.5和5.0级。准确度等级的数字实际上表示仪表本身在正常工作条件下进行测量时可能发生的最大相对误差，用百分值表示。所谓最大相对误差是指仪表进行测量时被测量的最大绝对误差与仪表额定值（满标值）的百分比，它可以用数学公式表示为：

$$A = \frac{\Delta_{xmax}}{X_{max}} \times 100\% = \frac{1}{100} \times 100\% = 1\% \tag{3-4}$$

式中　Δ_{xmax}——仪表在满标（全量程）范围内的最大绝对误差；

X_{max}——仪表的满标（全量程）值；

A——仪表的最大相对误差或仪表的准确度（精度）等级。

电工仪表准确度七个等级对应的最大相对误差分别为：±0.1%、±0.2%、±0.5%、±1.0%、±1.5%、±2.5%和±5.0%。

在正常工作条件下，仪表的最大绝对误差是不变的，即准确度（精度）不变。所以在满标值范围内，被测量的值愈小，相对误差就愈大。因此，在选用仪表时，实际被测量值应尽量接近其满标值。但是，实际被测量值也不能太接近满标值，一方面这是因为仪表指针示数不易读出，另一方面是电路工作状态因受干扰会波动从而超出仪表的测量范围（满标值）。

3. 仪表灵敏度和仪表常数

在测量中被测量变化一个很小的 Δ_x 值与引起测量仪表可动部分偏转角的变化量 Δ_a 的比值，称为仪表的灵敏度，用 S 来表示。它反映仪表能够测量的最小被测量，表达式为：

$$S = \frac{\Delta_a}{\Delta_x} \tag{3-5}$$

灵敏度的倒数称为仪表常数，用 C 表示，$C = 1/S$ 。

在直流仪表中，若刻度均匀，C 常用安/格和伏/格来表示。

3.2.4　电流表和电压表

电流表和电压表，如图 3-13 所示，是使用最为广泛的电工仪表。电流表是用作测量被测电路（负载）电流的仪表，电压表则是用作测量被测电路（负载）电压的仪表。

施工现场使用的电流表和电压表主要是交流电磁式电流表和电压表，专门用作交流电路电流和电压的测量。这种仪表具有过载能力强、量程大的特点，并且使用方便，读数直观。

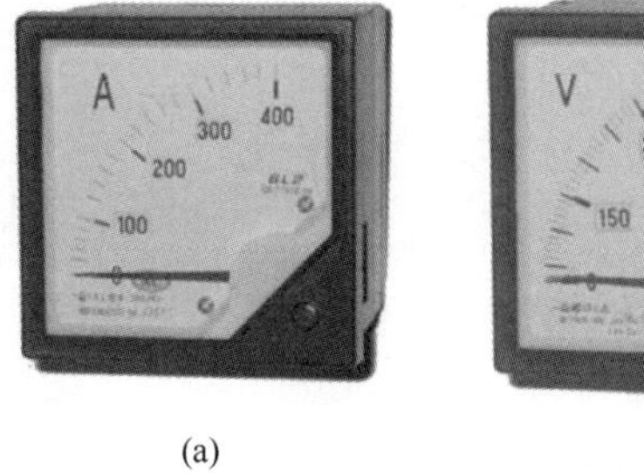

(a)

(b)

图 3-13　电流表和电压表

(a) 电流表；(b) 电压表

1. 交流电磁式电流表和电压表的基本结构及工作原理

所谓电磁式电流表和电压表是根据电流产生磁场的原理，利用磁场力与预设反作用力相平衡的关系而制作的一种电工仪表。交流电磁式电流表和电压表的主要结构是在仪表的线圈中放置两个铁片，其中一个铁片是固定的，称为固定铁片，另一个铁片与指针联结在一起，并且可以绕一固定轴转动，称为活动铁片，它们一起构成仪表的电磁部分。当线圈中有被测电流流过时，不论电流方向如何，都会使两个铁片磁化，由于同性磁极互相排斥，动铁片在定铁片排斥磁力矩作用下带动指针一起偏转，当动、定铁片间的排斥磁力矩与预设反作用力矩相平衡时，指针便稳定在一个平衡位置上，其示数即为被测量值。指针的偏转角或平衡位置与线圈中被测电流的量值有关，电流越大，指针的偏转角越大。如此，通过指针的偏转角即可反映被测电流的大小。

交流电磁式电流表和电压表的构造原理基本上是相同的，所不同的主要是在仪表的内电路部分，电流表的内电路部分（含线圈）具有很小的电阻和较大的导体截面，电压表的内电路部分（含线圈）则具有很大的电阻和较小的导体截面。

2. 交流电流表的使用规则

（1）交流电流表只能用于交流电路测量电流。

（2）交流电流表应与被测电路（负载）串联。如果因接线错误而误将电流表与被测电路（负载）并联，则由于电流表的内电阻很小，相当于把电源短接，在电流表中将引起远远超过其额定值的短路电流，导致电流表被烧毁并酿成短路事故。所以，在使用电流表时，切忌与被测电路（负载）并联。

（3）交流电流表一般只能用于直接测量200A以内的电流值。要扩大其量程（测量范围）必须借助于电流互感器。借助于电流互感器测量大电流时，应注意以下三个问题：

1）电流互感器的原绕组应串接入被测电路中，副绕组与电流表串接。

2）电流互感器的变流比应大于或等于被测电流与电流表满标值之比，以保证电流表指针在满偏刻度以内。

电流互感器的变流比是根据磁势平衡原理确定的，它近似等于其原、副绕组的匝数比，即：

$$\left.\begin{aligned} I_1N_1 &= I_2N_2 \\ K_i &= \frac{N_2}{N_1} \\ I_1 &= K_iI_2 \end{aligned}\right\} \tag{3-6}$$

式中 I_1——原绕组（被测电路）电流；

I_2——副绕组（电流表）电流；

N_1——原绕组匝数；

N_2——副绕组匝数；

K_i——变流比。

3）电流互感器的副绕组必须通过电流表构成回路和接地。在任何情况下，其副绕组不得开路。在拆除电流表或更换电流表时，必须停电或先将副绕组短接。在副绕组开路的情况下，由于副绕组的匝数远远大于原绕组的匝数，所以在副绕组两端将产生高压，尤其是当副绕组未接地时，副绕组对地高压将危及工作人员的安全。借助电流互感器测量大电流的线路如图3-14所示。

还须指出，交流电流表和直流表的结构原理有所不同，尤其是直流电流表还有“+”“−”极性问题，所以二者不能混用。

（4）钳形电流表是一种将电流互感器和电流表头集装在一起的组合电流表。其中，卡钳就是电流互感器的铁芯部分，原绕组就是被测电路的导线，副绕组装于表内，原理如图3-14所示。使用时，须将被测载流导线卡于卡钳的夹口以内，待夹口封闭后从表头上读取被测电流值。同时夹住两根或三根导线是不能测量的。

3. 交流电压表的使用规则

（1）交流电压表只能用于交流电路测量电压。

（2）交流电压表应与被测电路（负载）并联。如果因接线错误而误将电压表与被测电路（负载）串联，则由于电压表的内电阻很大，近乎将被测电路分断，而使被测电路无法工作。所以在使用电压表时，切忌与被测电路串联。

（3）交流电压表一般只能用于直接测量500V以下的电压值。要测量更高的电压，必须借助于电压互感器，如图3-15所示。

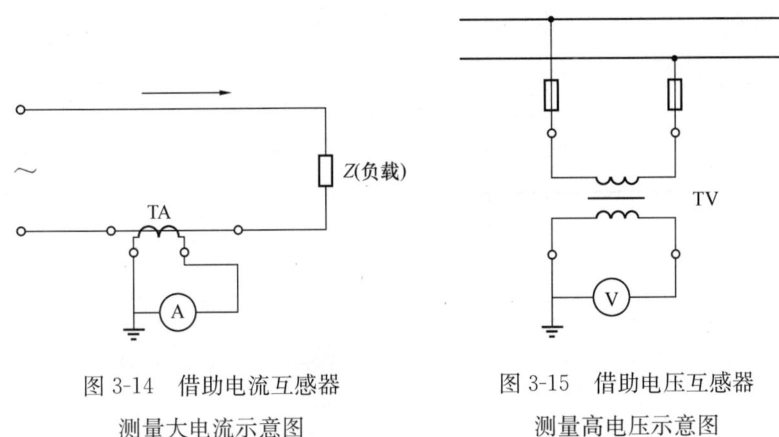

图3-14　借助电流互感器测量大电流示意图

图3-15　借助电压互感器测量高电压示意图

借助于电压互感器测量高电压时，应注意以下三个问题：

1）电压互感器的原绕组应并接于被测电路两端，副绕组与电压表并接。

2）电压互感器的变压比应大于或等于被测电压与电压表满标值之比，以保证电压表指针在满偏刻度以内。

电压互感器的变压比是根据电磁感应原理确定的，它近似等于其原、副绕组的匝数比，即

$$\left.\begin{aligned} \frac{U_1}{U_2} &= \frac{N_1}{N_2} \\ K_u &= \frac{N_1}{N_2} \\ U_1 &= K_u U_2 \end{aligned}\right\} \tag{3-7}$$

式中　U_1——原绕组（被测电路）端电压；

U_2——副绕组（电压表）端电压；

N_1——原绕组匝数；

N_2——副绕组匝数；

K_u——变压比。

（4）电压互感器的铁芯和副绕组的一端必须接地，这是为了防止因高压原绕组对低压副绕组和铁芯的电感应或漏电使副绕组、铁芯、电压表呈现对地高压，从而危及

工作人员安全。此外，电压互感器的副绕组是不允许短路的，因为电压互感器副绕组的短路会引起很大的短路电流，并进而导致电压互感器被烧毁。

交流电压表和直流电压表的结构、原理也有所不同，直流电压表有“+”“−”极性，所以二者也是不能混用的。

4. 常用交流电流表、电压表型号及主要技术数据

配合电流互感器、电压互感器测量大电流、高电压的电流表、电压表，其表盘刻度是分别按被测电路的电流、电压标注的，所以，可以从该电流表和电压表的指针示数直接读取被测电路的电流、电压值。常用交流电流表、电压表型号及主要技术指标见表 3-2。

常用交流电流表、电压表型号及主要技术指标 **表 3-2**

<table>
<tr><th colspan="2">名称型号</th><th>准确度</th><th>量 程</th><th>附 注</th></tr>
<tr><td rowspan="3">交流电流表</td><td rowspan="3">1T1-A 型</td><td>1.5</td><td>0.5；1；2；3；5；10；15；
20；30；50（A）</td><td></td></tr>
<tr><td>2.5</td><td>75；110；150；200（A）</td><td></td></tr>
<tr><td>1.5</td><td>300；400；600；750（A）</td><td>配用电流互感器</td></tr>
<tr><td>交流电流表</td><td>46L₁-A 型</td><td rowspan="2">1.5</td><td>0.5；1；2；3；10；20；30；50（A）</td><td></td></tr>
<tr><td>交流电流表</td><td>16L₁-A</td><td>75；100；150；200；300；
400；600；750（A）
1；1.5；2；3（kA）</td><td>配用电流互器；
次级电流 5 A</td></tr>
<tr><td rowspan="3">钳形电流表</td><td>T-301-250A</td><td rowspan="3">2.5</td><td>10；25；50；100；250（A）</td><td rowspan="3">交流</td></tr>
<tr><td>T-301-600A</td><td>10；25；100；300；600（A）</td></tr>
<tr><td>T-301-1000A</td><td>10；30；100；300；1000（A）</td></tr>
<tr><td>钳形电流表</td><td>MG20</td><td>5</td><td>0～100；0～200（A）
0～300；0～400（A）
0～500；0～600（A）</td><td>交直流两用</td></tr>
<tr><td rowspan="2">交流电压表</td><td rowspan="2">1T1-V</td><td rowspan="2">1.5</td><td>15；30；50；75；150；250；300；
450；500（V）</td><td></td></tr>
<tr><td>450；600；3600；7200；12000；
42000；150000（V）</td><td>配用电压互感器</td></tr>
<tr><td>交流电压表</td><td>44L₁-V</td><td>1.5</td><td>10；15；20；30；50；75；100；
150；300；450（V）</td><td></td></tr>
</table>

3.2.5 万用表

万用电表是电气工程中常用的便携式多功能、多量程仪表，主要用于测量电路的电流、电压和电阻，简称万用表。如图 3-16 所示为两款常用的万用表。

1. 万用表的结构原理

万用表的表头大部分是磁电式（动圈式）结构，其核心部分是在永久磁铁的气隙磁场中放置一个可动线圈。当在线圈中通入电流时，该载流可动线圈便在磁场中受电磁力矩作用而带动指针偏转，当电磁力矩与预设弹簧产生的反作用力矩平衡时，指针停止偏转，此时，指针偏转角度的大小即表示被测量值。

图 3-16　常用的万用表

由于表头是磁电式的，其测量机构容许通过的电流较小，因此，表内加入分流电阻器组，通过表盘面的转换开关切换来改变表的电流量程。由于磁电式表头的过压能力差，因此测量直流电压时，表内装有倍压电阻器组，通过表盘面的转换开关切换来改变表的直流电压量程。磁电式表头只能测定直流量，考虑到测量交流电量，在表内装设有整流器。交流电流通过整流器变成单向脉动电流，而脉动电流的平均值与交流电流的有效值成正比。所以，表头的刻度盘可直接按交流电流、电压的有效值刻度，量程也是通过分流电阻器组和倍压电阻器组来实现的。为了测量电阻的量值，表内另装有电阻器组，利用直流电流（以表内电池为电源）与被测电阻成反比的关系来测定被测电阻的欧姆数。

2. 万用表的使用规则

（1）要根据被测物理量类别正确使用量程选择转换开关，尤其不能误用电阻挡和电流挡测电压。变换同一物理量的量程时，应逐渐从大倍率向小倍率改变，以免损坏仪表。

（2）每次使用完毕，应将转换开关切换到高电压挡位上，以防止下一次测量时误操作造成危害。

（3）表内电池要及时更换，如表内电池使用已久，贮能不足，电压下降，将造成大的测量（电阻）误差。此外坏电池溢出的化学液对表内器件还有腐蚀作用。

3. 钳形数字万用表

钳形数字万用表具有测量精度高、显示直观、功能全、可靠性好、小巧轻便以及便于操作等优点，易被迅速推广应用。

钳形数字万用表不仅可以测量直流电压、交流电压、直流电流、交流电流、电阻、二极管正向压降、晶体管发射极电流放大系数，还能测电容量、电导、温度、频率，还设有蜂鸣器挡用以检查线路通断等。有的还具有电感挡、信号挡、AC/DC 自动转换功能，也有的还将数字万用表、数字存储示波器等功能集于一身。

数字万用表大多具有读数保持、逻辑测试，真有效值、相对值测量，自动关机功能等，抗干扰能力和测量精度较初期产品有了大幅度提高。

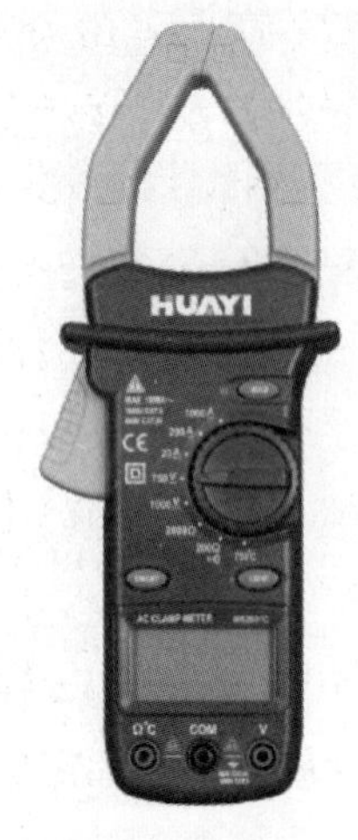

图 3-17 MS2001 数字钳形表

数字万用表按照量程转换方式来分类，可划分成三种类型：手动量程，自动量程，自动/手动量程。如图 3-17 所示，为 MS2001 数字钳形表。下面以 MS2001 数字钳形表为例介绍数字万用表的使用。

(1) 直流电压测量

1) 将红表笔插入“V”插孔、黑表笔插入“COM”插孔。

2) 将功能量程开关置于直流电压 1000V 量程，并将表笔连接到被测的电源或负载上，红表笔所接端的极性将同时显示在显示器上。

3) 从显示器上读取测量结果。

(2) 交流电压测量

1) 将红表笔插入“V”插孔、黑表笔插入“COM”插孔。

2) 将功能量程开关置于交流电压 750V 量程，并将表笔连接到被测的电源或负载上。

3) 从显示器上读取测量结果。

(3) 交流电流测量

1) 将功能量程开关置于交流电流量程范围。

2) 按下扳机，张开钳口，把导线夹在钳内即可测得导线的电流值。

3) 从显示器上读取测量结果。

如果被测电流范围事先不知道，须将功能量程开关置于 1000A 量程，然后逐渐降低直至取得满意的分辨力。

(4) 电阻测量

1) 将红表笔插入“Ω”插孔，黑表笔插入“COM”插孔。

2) 将功能量程开关置于所需的电阻量程范围，并将表笔连接到被测的电阻上。

3) 从显示器上读取测量结果。

(5) 电流通断测试

将红表笔插入“Ω”插孔，黑表笔插入“COM”插孔，并将功能量程开关置于“•)))”量程位置，表笔连接到被测电路的两点。如果有电阻值显示或指示，内置蜂鸣器发出响声，表示该两点间导通，导通电阻不大于 30Ω。

3.2.6 绝缘电阻表

绝缘电阻表又称兆欧表、摇表，主要用以测量电机、电器、配电线路等电气设备的绝缘电阻。

1. 绝缘电阻表的结构

主要由磁电式流比计和手摇直流发电机两部分组成，如图 3-18 所示为常用的绝缘电阻表。

图 3-18 绝缘电阻表

2. 兆欧表使用规则

（1）兆欧表的电压等级应与被测电气设备的电压等级相适应，不应用电压等级高的兆欧表测量额定电压等级低的电气设备的绝缘电阻，否则易将绝缘击穿。

（2）测量前，应先切断被测电气设备的电源，并注意充分可靠地放电，然后再进行测量。

（3）表的测量引线必须采用绝缘良好的单根导线。两根测量引线应充分分开，并不得与被测设备的其他部位接触。

（4）测量前，兆欧表应做开路试验，此时指针应指向“∞”。还要做短路试验，此时指针应指向“0”。

（5）采用手摇发电机的兆欧表，手摇速度由低向高逐渐升高，并保持在 120r/min 左右，测量过程不得用手接触被试物和引线接线柱，以防触电。

（6）测量具有大电容的电气设备（如电力变压器、电力电缆等）的绝缘电阻之后，应防止被试设备向表倒充电，为此，须在停止测量前先断开“L”端引线，再降低手摇发电机的转速至停止。

（7）遇有降雨或潮湿天气，应使用保护环来消除表面漏电。

（8）新购置的设备、搁置已久和经维修后重新投入使用的设备必须进行测试，绝缘电阻合格后方可使用，测量绝缘电阻后，应将被测物充分放电。

3. 常用兆欧表型号

常用兆欧表的型号及主要技术指标见表 3-3。

常用兆欧表型号及主要技术指标　　表 3-3

型　号	标准度等级	额定电压（V）	量限（MΩ）	延长量限（MΩ）	电源方式
ZC-7	1.0	100	0～200	500	手摇直流发电机
		250	0～500	1000	
		500	1～500	2000，∞	
		1000	2～2 000	5000，∞	
ZC25-1	1.0	100（±10%）	0～100		手摇发电机
ZC25-2		250（±10%）	0～250		
ZC25-3		500（±10%）	0～500		
ZC25-4		1000（±10%）	0～1000		
ZC11-1	1.0	100（±10%）	0～500		手摇交流发电机 硅整流器
ZC11-2		250（±10%）	0～1000		
ZC11-3		500（±10%）	0～2000		
ZC11-4		1000（±10%）	0～5000		
ZC11-5		2500（±10%）	0～10000		
ZC11-6		100（±10%）	0～20		
ZC11-7		250（±10%）	0～50		
ZC11-8		500（±10%）	0～10000		
ZC11-9		50（±10%）	0～2000		
ZC11-10		2500（±10%）	0～5500		

3.2.7　接地电阻测试仪

接地电阻测试仪主要用于测量各种接地装置的接地电阻和一般低阻值导体电阻，可分为机械式和电子式两种。如图 3-19 所示为常见的接地电阻测试仪。

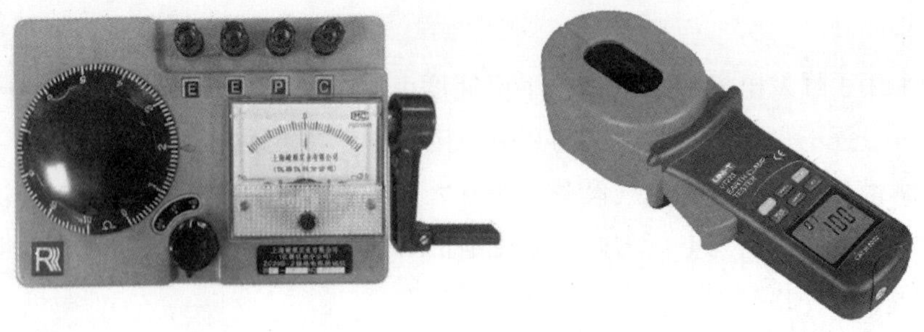

图 3-19　接地电阻测试仪

1. 接地电阻测试仪工作原理

接地电阻测试仪俗称“接地摇表”，是测量接地电阻的专用仪表。

ZC-8 型接地电阻测试仪是一种常用的接地电阻测量仪器，它是按补偿法的原理制成的，内附手摇交流发电机作为电源。

该表具有3个接地端钮，它们分别是接地端钮E（E端钮是由电位辅助端钮P_2和电流辅助端钮C_2在仪表内部短接而成的）、电位端钮P_1以及电流端钮C_1。各端钮分别按规定的距离通过探针插入地中，测量E、P_1两端钮之间的土壤电阻。为了扩大量程，电路中接有两组不同的分流电阻R_1～R_3以及R_5～R_8，用以实现对电流互感器的二次电流I_2以及检流计支路的三档分流。分流电阻的切换利用量程转换开关S完成，对应于转换开关一般有三个挡位，它们分别是0～1Ω、1～10Ω和10～100Ω。

E′为接地体，P′为电位接地极，C′为电流接地极，它们各自连接E、P_1、C_1端钮，分别插入距离接地体不小于20m和40m的土壤中。

2. 接地电阻测试仪使用规则

（1）接地电阻测试仪通常使用ZC-28型和ZC-29型。前者具有三个端钮（E、P、C），适用于测量各种接地装置和一般低阻导体的电阻值，后者具有四个端钮（C_1、P_1、C_2、P_2），除可用于测量接地电阻值和低阻导体电阻值外，还可用以测量土壤电阻率。正确的测量接线如图3-20～图3-22所示。

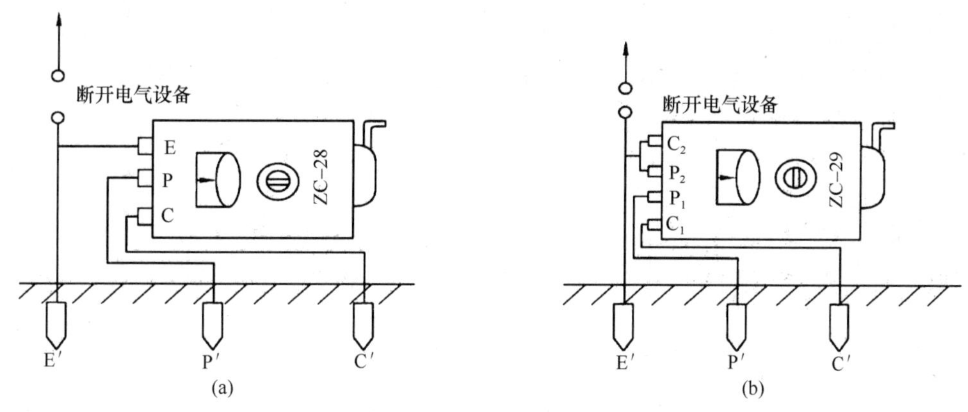

图3-20 测量接地电阻时的接线

（a）三个端钮；（b）四个端钮

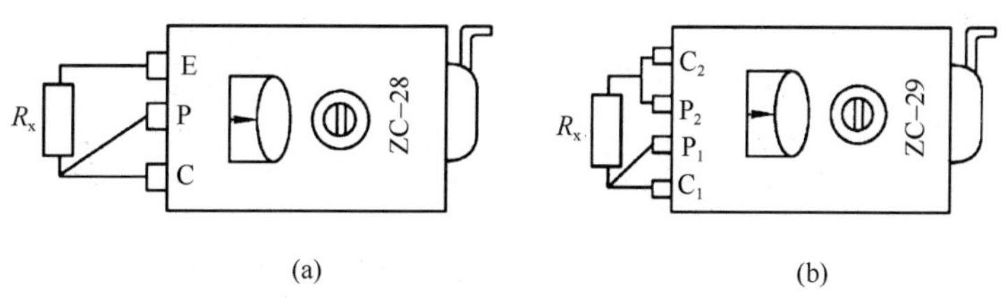

图3-21 测量低阻导体电阻时的接线

（a）三个端钮；（b）四个端钮

使用图3-22所示接线，可以测得土壤电阻率

$$P = 2\pi aR \tag{3-8}$$

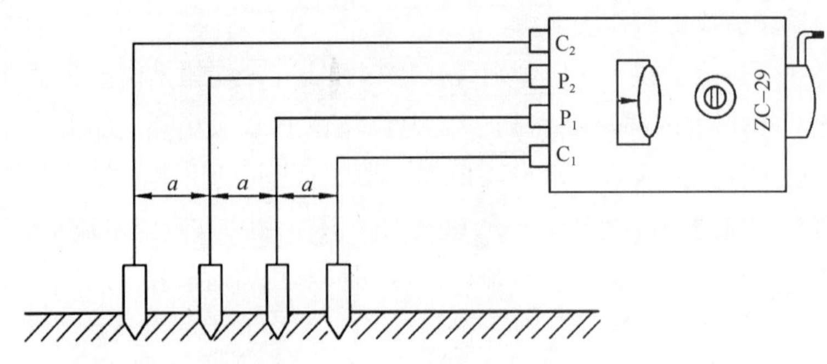

图 3-22　测量土壤电阻率的接线

式中　P——土壤电阻率，Ω·cm；

a——探针间的距离，cm；

R——摇表指示的接电电阻值，Ω。

在上述接线图中，E′为被测接地装置的接地极，C′为电流接地探针，P′为电位接地探针。P′一定要插在 E′和 C′之间，并在一条直线上。P′与 E′、C′的间距一般规定为 20m。

（2）测量前，应将接地装置的接地引下线与所有电气设备断开，如图 3-20 所示。

（3）测量时，注意操作方法。应先将仪表放置水平，检查检流计指针是否在中心线上（如不在中心线上，应调整到中心线上），然后将“倍率标度”放在最大倍数上，慢慢转动发电机摇把，同时旋转“测量标度盘”，使检流计指针平衡。当指针接近中心线时，加快发电机摇把的转速，达到 120r/min，再调整测量标度盘，使指针指在中心线上。用测量标度盘的读数乘以倍率标度的倍数即得所测的接地电阻值。

3. 常见接地电阻测试仪型号

常见接地电阻测试仪的型号和技术参数见表 3-4。

常见接地电阻测试仪的型号和技术参数　　**表 3-4**

型　号	量限（Ω）	最小刻度分格（Ω）	准确度		电　源
			额定值 30%以下	额定值 30%以上	
ZC-28	10～1	0.01	额定值的±1.5%	指示值的±5%	手摇发电机
	0～10	0.1			
	0～100	1			
	0～1000	10			
ZC-29	0～10	0.1	额定值的±1.5%	指标值的±5%	手摇发电机
	0～100	1			
	0～1000	10			

3.2.8　漏电保护器测试仪

漏电保护器自身带的实验按钮，只能检查漏电保护器的脱扣功能，不能用来校核额定漏电动作电流和分断时间的数值。漏电保护器测试仪主要是用于测量漏电保护器动作时的漏电动作电流和漏电动作时间，是检测漏电保护器是否性能稳定、安全可靠的重要仪器。

目前，建筑施工现场使用的漏电保护器测试仪类型较少，下面以 M9000 为例介绍漏电保护器测试仪的使用。如图 3-23 所示为常用的漏电保护器测试仪。

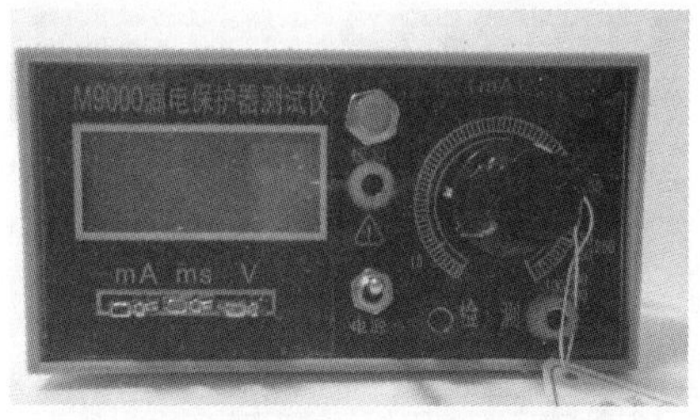

图 3-23 常用的漏电保护器测试仪

1. 测试仪主要技术性能

（1）显示功能：三位半液晶数字显示，同时有自动暂存、锁定、复零、溢出、电池更换指示及熔丝熔断指示。

（2）交流漏电流测量：检测范围为 0～500mA（配 500mA 熔断体），准确度等级为 1.0，分辨为 1mA。

（3）可调交流漏电流测量：检测范围，B 型为 5～100mA、100～200mA；C 型为 5～100mA、100～200mA、200～300mA。

（4）交流电压测量范围为 0～450V；准确度等级为 1.5，分辨为 1V。

（5）分段时间测量范围为 5～1000ms；误差为±10%，分辨为 1ms。

（6）电源，DC(9±1）V；功耗，小于 20mW。

（7）使用条件：

1）温度：0～4℃，极限条件，－10～50℃。

2）湿度：30℃时（20～75)% RH。

3）频率：(50±2.5)Hz。

4）海拔：不超过 2000m。

5）使用时应避免外界强电、磁场影响，并避免阳光直射和腐蚀性气体等有害环境。

2. 测试仪工作原理

M9000 漏电保护器测试仪工作原理，如图 3-24 所示。

3. 测试仪接线

M9000 漏电保护器测试仪接线，如图 3-25 所示。

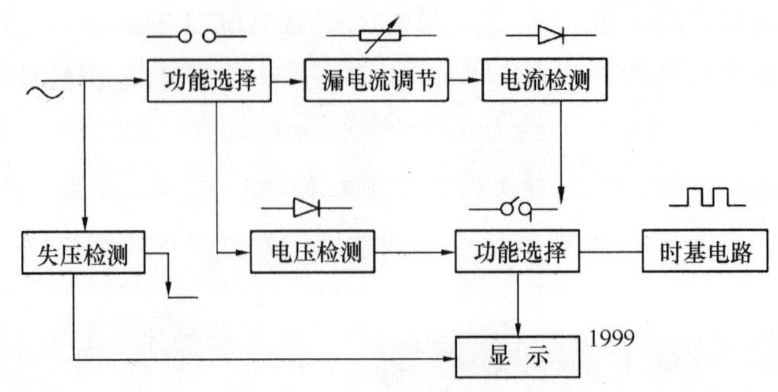

图 3-24　M9000 漏电保护器测试仪工作原理示意图

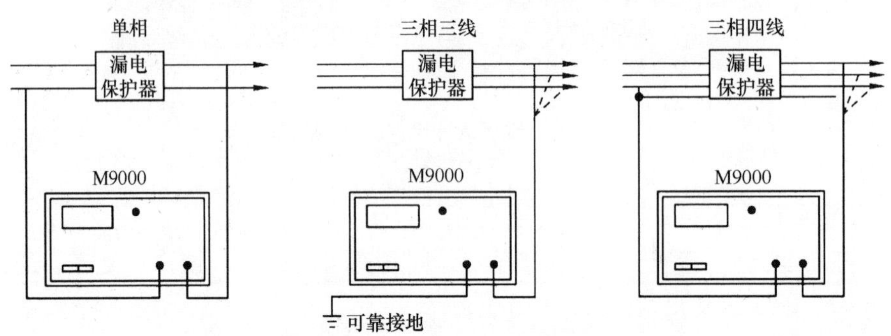

图 3-25　M9000 漏电保护器测试仪接线示意图

4. 测试仪使用方法

(1) 漏电保护器动作电流

1) 按下"mA"挡开关，将（mA）调节旋钮按逆时针方向旋到底打开电源开关。

2) 按图 3-25 接好线，但须注意按保护器种类和动作电流值大小的不同，仪器后盖上的量程转换开关推至 100mA 端或 200mA 端（B 型）或 300mA 端（C 型）。

3) 合上被测漏电保护器开关，此时显示屏开始显示模拟漏电流值。

4) 顺时针方向均匀慢速转动（mA）调节旋钮直至漏电保护器动作，此时显示屏上显示的即为动作电流值，单位为 mA，数值暂存数秒钟后自动复零。

5) 逆时针方向将（mA）调节旋钮旋到底。

6) 若需重测，合上漏电保护器开关，重复 3)、4)、5) 操作。

7) 检测完，测试线及时脱离交流电路，关闭电源开关，值键开关复位，量程转换开关推至 100mA 端。

(2) 测漏电保护器分断时间

1) 按下"ms"挡开关，将（mA）调节旋钮旋至面板刻度上预置动作电流（根据预置动作电流大小，使后盖板上的转换开关量程位置与面板上的量程值相配合），打开电源开关。

2）按图 3-25 接好线。

3）合上被测漏电保护器开关。

4）按下“模拟”（触电）按钮，此时显示屏显示的即为分断时间值，单位为 ms，数值暂存数秒钟后自动复零。

5）若需重测，重复 3）、4）操作。

6）检测完，测试线及时脱离交流电路，关闭电源开关，逆时针将（mA）调节旋钮旋到底，值键开关复位，量程转换开关推至 100mA 端。

4　电动建筑机械和手持式电动工具

4.1　电动建筑机械

4.1.1　起重机械的使用

起重机械主要有塔式起重机、施工升降机、滑升模板金属操作平台、整体式电动爬升脚手架和高处作业吊篮等。

1. 塔式起重机的使用

（1）塔式起重机的机体必须做防雷接地，同时必须与配电系统 PE 线相连接，所连接的 PE 线必须同时做重复接地；防雷接地和重复接地可共用同一接地体，但接地电阻应符合重复接地电阻值的要求。

（2）轨道式塔式起重机的防雷接地可以借助于机轮和轨道的连接，但应附加以下三项措施：

1）轨道两端各设一组接地装置。

2）轨道的接头处作电气连接，两轨道端部作环形电气连接。

3）较长轨道每隔不大于 30m 加一组接地装置。

（3）塔式起重机运行时，注意与外电架空线路或其防护设施保持安全距离。

（4）轨道式塔式起重机要配置自动卷线器收放配线电缆，不得使电缆随机拖地行走。

（5）塔式起重机为适应夜间工作，应设置正对工作面的投光灯；当塔身高于 30m 时，还应在其塔顶和臂架端部设置红色信号灯，以防与空中飞行器相撞。

（6）塔式起重机在强电磁波源附近工作时，为防止强电磁辐射在机身感应电压对地面挂装吊物人员构成的潜在触电危害，应在吊钩与被吊物之间采取绝缘隔离措施，地面操作人员应戴绝缘手套、穿绝缘鞋，也可在挂装吊物时，在吊钩上挂接临时接地装置。

2. 施工升降机的使用

施工升降机按用途可以分为人货两用和货用（物料提升机）施工升降机。

（1）吊笼内、外均应安装紧急停止开关。

（2）导轨上、下极限位置均应设置限位开关。

（3）每日运行前进行空载试车时，应检查行程开关、限位开关、紧急停止开关和驱动机构、变速机构、制动机构的电气装置。

(4) 货用升降机基座与 PE 线的连接必须可靠。

(5) 升降机基础要做好排水设施，机体必须做防雷接地，同时必须与配电系统 PE 线相连接，所连接的 PE 线必须同时做重复接地；防雷接地和重复接地可共用同一接地体，但接地电阻应符合重复接地电阻值的要求。

3. 滑升模板金属操作平台的使用

(1) 操作平台必须与 PE 线相连接，所连接的 PE 线必须同时做重复接地；防雷接地和重复接地可共用同一接地体，但接地电阻应符合重复接地电阻值的要求。

(2) 现场应有足够的照明，操作平台上的照明应采用 36V 低电压照明器。

(3) 模板在提升前应对全部电气装置进行检查，调试合格后方可使用，重点放在检查平台的机电装配和电气防护上。

4. 整体式电动爬升脚手架的使用

(1) 所选用附着升降脚手架必须配备有防坠装置。在动力装置本身的制动装置失效、起重钢丝绳或吊链突然断裂和横吊梁掉落等情况出现时，该装置可以在瞬间迅速锁住架体，防止其下坠造成安全事故。

(2) 提升动力装置必须设置电气过载保护、短路保护等功能。

(3) 在高、低压电气线路正下方均不得搭设脚手架。当临近有外电线路且脚手架必须搭设上、下通行的斜道（安全通道）时，则安全通道严禁搭设在有外电线路的一侧。

(4) 防雷装置冲击接地电阻值不得大于 30Ω。

(5) 防雷针可以用直接不小于 12 的镀锌钢筋制作，设在房屋四角脚手架的立杆上，高度不小于 1m，并将最高层的有大横杆全部接通，形成避雷网络。

(6) 接地板可以利用主体结构的垂直接地板，用厚度 4mm、宽 25mm 的角钢制作。

(7) 接地线可采用直径不小于 8mm 的圆钢，焊接在接地板上。接地线与脚手架体连接时，应用两道螺栓卡箍卡紧，并加设弹簧垫圈，以防松动，保证接触面不小于 $10cm^2$。

5. 高处作业吊篮的使用

(1) 应设置相序继电器确保电源缺相，错相连接时不会导致错误的控制响应。电气控制系统供电应采用三相五线制。接零、接地线应始终分开，接地线应采用黄绿相间线，再接地处应有明显的接地标志。

(2) 主电源回路应有过电流保护装置和灵敏度不小于 30mA 的漏电保护装置。控制电源与主电源之间应使用变压器进行有效隔离。

(3) 控制用按钮开关动作应准确可靠，其外露部分由绝缘材料制成，应能承受 50Hz 正弦波形、1250V 电压 1min 的耐压试验。

（4）主电路相间绝缘电阻应不小于0.5MΩ，电气线路绝缘电阻应不小于2MΩ。

（5）电机外壳及所有电气设备的金属外壳金属护套都应可靠接地，接地电阻不大于4Ω。

（6）吊篮控制箱上的按钮开关等操作元件应坚固可靠，这些按钮或开关装置应是自动复位式的，控制按钮的最小直径为10mm。控制箱上除操作元件外，还应设置一个切断总电源的开关，此开关应是非自动复位式的。操作盘上的按钮应有效防止雨水进入。

（7）在平台上各动作的控制阴干逻辑顺序排列，平台的上升和下降控制按钮应位于平台内。

（8）平台上应提供停止吊篮控制系统运行的急停按钮，此按钮为红色并有明显的“急停”标记，不能自动复位，急停按钮按下后可停止吊篮的所有动作。

（9）操作的动作与方向应以文字或符号清晰标示在控制箱上或其附近面板上，电气控制箱应上锁以防止未授权操作。

（10）应采取防止随行电缆碰撞建筑物的措施，电缆应设保险钩以防止电缆过度张拉引起电源、插头、插座的损坏。

4.1.2 桩工机械的使用

1. 电源在导通时，应检查电源电压并使其保持在额定电压范围内；作业后，应将控制器放在“零位”，并依次切断各部电源。

2. 潜水式钻孔机电机的密封性能应符合现行国家标准《外壳防护等级（IP代码）》GB/T 4208—2017中的IP68级规定。

IP68级为最高级防止固体异物进入（尘密）和防止连续浸水时进水造成有害影响的防护，以适应钻孔机浸水的工作条件，使电机不因浸水而漏电。

3. 潜水式钻孔机的漏电保护要符合配电系统关于潮湿场所漏电保护的要求。

4. 潜水式钻孔机的电机和潜水电机在使用前后均应检查其绝缘电阻（应大于0.5MΩ），不合要求时严禁继续使用。

5. 潜水电机的负荷线应采用防水橡皮护套铜芯软电缆，电缆护套不得有裂纹和破损。

6. 潜水电机负荷线的长度不应小于1.5m，不得有接头。

7. 潜水电机使用过程中不得带电移动。

8. 潜水电机入水、出水和移动时，不得拽、拉负荷电缆，任何情况下负荷电缆不得承受外力。

4.1.3 夯土机械的使用

1. 夯土机械的金属外壳与PE线的连接点不得少于2处；其漏电保护必须适应潮

湿场所的要求。

2. 夯土机械的负荷线应采用耐气候型橡皮护套铜芯软电缆。

3. 夯土机械的操作扶手必须绝缘，使用者必须按规定穿戴绝缘用品。

4. 夯土机械使用时应有专人调整电缆，且电缆长度不应大于 50m；使用过程严禁电缆缠绕、扭结和被机体跨越。

5. 多台夯土机械并列工作时，其平行间距不得小于 5m；前后间距不得小于 10m。

4.1.4　混凝土机械的使用

1. 混凝土机械电机的金属外壳或基座与 PE 线的连接必须可靠，连接点不得小于 2 处。

2. 混凝土机械的负荷线必须采用耐气候型橡皮护套铜芯软电缆，并且不得有任何破损和接头。

3. 混凝土机械的漏电保护，视工作场所环境条件不同可分成两类：混凝土搅拌机可按一般场所对待，各种振动器按潮湿场所对待。

4. 对混凝土搅拌机进行清理、检查和维修时，必须首先将其开关箱分闸断电，隔离开关呈现明显可见的电源分断点，并将开关箱关门上锁，悬挂“禁止合闸”的警示牌，并派专人监护。严禁在其开关箱未断电的情况下进行清理、检查和维修。

5. 插入式、平板式振捣器的漏电保护器应采用防溅型产品，其额定漏电动作电流不应大于 15mA；额定漏电动作时间不应大于 0.1s。电缆线长度不应大于 30m。不得缠绕、扭结和挤压，并不得承受任何外力。

4.1.5　钢筋机械的使用

1. 钢筋机械的金属基座必须与 PE 线作可靠的电气连接。

2. 钢筋机械的漏电保护可按一般场所要求对待。

3. 钢筋机械的负荷线必须采用耐气候型橡皮护套铜芯软电缆，不得有任何破损和接头。

4. 钢筋机械周围的钢筋头等废料要及时清理，不得堆积。

5. 钢筋机械的电机、负荷线和控制器要注意防雨、防雪、防风沙、防强日光照晒。

6. 对钢筋机械进行清理、检查和维修时，必须首先将其开关箱分闸断电，隔离开关呈现明显可见分断点，并将开关箱关门上锁，悬挂“禁止合闸”的警示牌，并派专人监护。严禁在其开关箱未断电的情况下，进行清理、检查和维修。

4.1.6　木工机械的使用

1. 木工机械的金属基座必须与 PE 线作可靠的电气连接。

2. 木工机械的漏电保护可按一般场所要求对待。

3. 木工机械的负荷线必须采用耐气候型橡皮护套铜芯软电缆，不得有任何破损和接头。

4. 木工机械周围的木屑、碎木、刨花要及时清理，不得堆积。

5. 木工机械设置于露天时，其电机、负荷线和控制器要注意防雨、防雪、防风沙、防强日光照晒。

6. 对木工机械进行清理、检查和维修时，必须首先将其开关箱分闸断电，隔离开关呈现明显可见分断点，并将开关箱关门上锁，悬挂“禁止合闸”的警示牌，并派专人监护。严禁在其开关箱未断电的情况下，进行清理、检查和维修。

4.1.7 焊接机械的使用

1. 焊接机械的金属外壳必须与PE线作可靠的电气连接。

2. 电焊机械应放置在防雨、干燥和通风良好的地方。

3. 交流弧焊机变压器的一次侧电源线长度不应大于5m，其电源进线处必须设置防护罩，进线端不得裸露。

4. 发电机式直流电焊机的换向器要经常检查、清理和维修，以防止可能产生的异常电火花。

5. 交流电焊机除应设置一次侧漏电保护器以外，还应配装防二次触电保护器。

6. 电焊机械的二次线应采用防水橡皮护套铜芯软电缆，电缆长度不应大于30 m，其护套不得破裂，其接头必须做好绝缘、防水包扎，不得有裸露。电焊机械的二次线的地线不得用金属构件或结构钢筋代替。

7. 使用电焊机械焊接时，必须穿戴防护用品，严禁露天冒雨从事电焊作业。

8. 电缆线必须使用多股铜芯电缆，其截面应根据焊接机械的使用规定选用，电缆外皮应完好柔软，其绝缘电阻不小于1MΩ。

4.1.8 其他电动机械的使用

其他电动机械主要是指地面抹光机、水磨石机、盾构机械、水泵和扬尘治理机械等。它们安全使用的共同事项是按使用环境场所条件设置漏电保护，不同要点有以下几个：

1. 地面抹光机、水磨石机和盾构机械因其工作的移动性和振动性，其电机金属基座与PE线的连接点不少于两点。

2. 地面抹光机、水磨石机和盾构机械的负荷线必须采用耐气候型橡皮护套铜芯软电缆，并不得有破损和接头。

3. 现场常用水泵有污水泵、潜水泵及消火栓泵等。水泵电机的金属基座与PE线的连接点可以是一点，其负荷线必须采用防水橡皮护套铜芯软电缆，严禁有破损和接头，并不得承受外力。消火栓泵应采用专用消防配电线路，此线路应从施工现场总配电箱的总断路器上段接入，且应保持不间断供电，相应的泵房应配置启动流程图和应急照明灯。

4. 扬尘治理机械主要有多功能抑尘车、雾炮机、高压洗车机等，多数扬尘治理机械多为移动式，一般使用车辆自备电源或自带发电机进行供电；部分道路扬尘治理机械采用固定式，须用专用电源供电，并带有自动和手动启停功能，负荷线必须采用耐气候型橡皮护套铜芯软电缆，并不得有破损和接头。

4.2 手持式电动工具

4.2.1 手持式电动工具的分类

手持式电动工具按其绝缘和防触电性能分可分为三类，即Ⅰ类工具、Ⅱ类工具和Ⅲ类工具。

1. Ⅰ类工具

所谓Ⅰ类工具是指工具的防触电保护不仅依靠其基本绝缘，而且还包括一个保护接零或接地措施，使外露可导电部分在基本绝缘损坏时不能变成带电体。

2. Ⅱ类工具

所谓Ⅱ类工具是指工具的防触电保护不仅依靠其基本绝缘，而且还包括附加的双重绝缘或加强绝缘，不提供保护接零或接地或不依赖设备条件，外壳具有“回”标志。

Ⅱ类工具又分为绝缘材料外壳Ⅱ类工具和金属材料外壳Ⅱ类工具两种。

3. Ⅲ类工具

所谓Ⅲ类工具是指工具的防触电保护依靠安全电压供电，工具中不产生高于安全电压的电压。

安全电压通常是指 42V 及以下的电压，有五个等级：42V、36V、24V、12V、6V。

手持式Ⅰ、Ⅱ、Ⅲ类电动工具的绝缘电阻限值如表 4-1 所列。

手持式电动工具绝缘电阻限值 **表 4-1**

测量部位	绝缘电阻（MΩ）		
	Ⅰ类	Ⅱ类	Ⅲ类
带电零件与外壳之间	2	7	1

注：绝缘电阻用 500V 兆欧表测量。

4.2.2 手持式电动工具的使用

1. 使用场所的要求

手持式电动工具的使用场所要与所选用的工具类别相适应。

1）在一般场所（空气湿度小于75%时）可选用Ⅰ类或Ⅱ类手持式电动工具，但其金属外壳与PE线的连接点不应少于2处，漏电保护应符合潮湿场所对漏电保护的要求。

2）在潮湿场所或金属构架上操作时，必须选用Ⅱ类或由安全隔离变压器供电的Ⅲ类手持式电动工具，严禁使用Ⅰ类手持式电动工具。

使用金属外壳Ⅱ类手持式电动工具时，其金属外壳可与PE线相连接，并设漏电保护，以强化其安全保护。

3）在狭窄场所（锅炉、金属容器、地沟、管道内等）作业时，必须选用由安全隔离变压器供电的Ⅲ类手持式电动工具。

2. 开关箱和控制箱设置的要求

除一般场所外，在潮湿场所、金属构架上及狭窄场所使用Ⅱ、Ⅲ类手持式电动工具时，其开关箱和控制箱应设在作业场所以外，并有人监护。

3. 负荷线选择的要求

手持式电动工具的负荷线应采用耐气候型橡皮护套铜芯软电缆，并且不得有接头，单相采用三芯，三相采用四芯。

4. 检查要求

1）使用前应检查电动工具的额定电压与电源电压是否相符并检查各部件，保护措施（特别是绝缘保护）确认正常方能使用。

2）手持式电动工具的外壳、手柄、插头、开关、负荷线必须完好无损，插头和电源插座在结构上必须一致，能避免误将导电触头和保护触头混用。使用前必须做绝缘检查和空载检查，在绝缘合格、空载运转正常后方可使用。

5. 自我保护的要求

使用手持式电动工具时，必须按规定穿戴绝缘防护用品；严格按照安全操作规程进行操作。

6. 意外情况处理要求

手持式电动工具使用过程出现外壳高温、电缆破皮及掉落水中等情况时必须立即切断电源，再行处理。严禁徒手打捞掉落水中的带电手持式电动工具。在使用中，如发现电器缺陷，应立即停止使用并请电工检修，禁止非电工人员检修电动工具。

5 接地接零保护的基本概念

5.1 接地

5.1.1 接地的概念

所谓接地，就是将电气设备的某一可导电部分与大地之间用导体作电气连接。简言之，电气设备与大地作金属性连接称为接地。

接地，通常是用接地体与土壤相接触实现的。埋入地内土壤中的金属导体或导体系统，称为接地体。用于连接电气设备和接地体的导体，例如电气设备上的接地螺栓、机械设备的金属构架，以及在正常情况下不载流的金属导线等称为接地线。接地体与接地线的总和称为接地装置。

施工现场临时用电工程中，接地主要包括工作接地、保护接地、重复接地和防雷接地四种。

1. 工作接地

施工现场临时用电工程中，因运行需要的接地（例如三相供电系统中，电源中性点的接地）称为工作接地。在工作接地的情况下，大地作为一根导线，而且能够稳定设备导电部分的对地电压。

2. 保护接地

施工现场临时用电工程中，因漏电保护需要，将电气设备正常情况下不带电的金属外壳和机械设备的金属构件（架）接地，称为保护接地。在保护接地的情况下，能够保证工作人员的安全和设备的可靠工作。

3. 重复接地

在中性点直接接地的电力系统中，为了保证接地的作用和效果，除在中性点处直接接地外，还须在中性线上的一处或多处再作接地，称为重复接地。

电力系统的中性点，是指三相电力系统中绕组或线圈采用星形连接的电力设备（如发电机、变压器等）各相的连接对称点和电压平衡点，其对地电位在电力系统正常运行时为零或接近于零。

4. 防雷接地

防雷装置（接闪杆、接闪带、接闪线等）的接地，称为防雷接地。防雷接地的设置主要是用于雷击时将雷电流泄入大地，从而保护设备、设施和人员等的安全。

5.1.2 接零

1. 接零的概念

所谓接零，是指电气设备与零线连接。与变压器直接接地的中性点连接的导线，称为零线。

2. 接零的类型

在电气工程中，接零主要有工作接零和保护接零两种。

(1) 工作接零

电气设备因运行需要而与工作零线连接，称为工作接零。电气设备因运行需要而引接的零线，称为工作零线，通常用“N”表示。

(2) 保护接零

电气设备正常情况不带电的金属外壳和机械设备的金属构架与保护零线连接，称为保护接零或接零保护。

由工作接地线或配电室的零线或第一级漏电保护器电源侧的零线引出，专门用于连接电器设备正常不带电导电部分的导线，称为专用保护零线，通常用“PE”表示。

5.2 TT和TN保护系统

5.2.1 电气设备的保护方式

在中性点直接接地的低压供电系统中，其电气设备的保护方式，按照国际IEC/TC64标准，分为“TT”和“TN”两种保护系统。

TT保护系统是指将电气设备的金属外壳作接地的保护系统。

TN保护系统是指将电气设备的金属外壳作接零保护的系统，又分TN-C和TN-S两种型式。电气设备的保护零线与工作零线合一设置的系统，称为TN-C系统；电气设备的保护零线与工作零线分开设置的系统，称为TN-S系统。

“TT”和“TN”是采用的国际标准符号，第一个字母T，表示中性点直接接地；第二个字母T，表示电气设备外露可导电部分对地直接做电气连接，与电力系统任何接地无关；N表示电气设备外露可导电部分与电力系统的接地点做直接电气连接。

5.2.2 TT系统与TN系统的比较

1. TT系统

(1) 当电气设备的金属外壳带电（相线碰壳或设备绝缘损坏而漏电）时，由于有接地保护，大大减少触电的危险性。但是，低压断路器（自动开关）不一定跳闸，容易造成漏电设备的外壳对地电压高于安全电压，发生触电事故。

(2) 当漏电电流比较小时，即使有熔断器也不一定能熔断，需要漏电保护器作保护。

(3) 接地装置耗用钢材多，而且难以回收，费工、费时和费料。

2. TN 系统

(1) 电气设备的金属外壳与工作零线相接。

(2) 当设备出现外壳带电时，接零保护系统能将漏电电流上升为短路电流，低压断路器的脱扣器会立即动作而跳闸，使故障设备断电，比较安全。

(3) 节省材料和工时。

5.2.3 TN-C 系统

TN-C 系统是工作零线与保护零线合一的形式，它存在以下特点：

1. 当三相负载不平衡时，在零线上出现零序电流，零线对地呈现电压，可能导致触电事故。

2. 保护零线在任何情况下不可以断线，TN-C 系统是工作零线与保护零线合一的形式，若漏电保护器跳闸，则保护零线断线。

3. 对于接有二极漏电保护器的单相电路上的设备，其金属外壳的保护零线严禁与该电路的工作零线相连接，也不应由二极漏电保护器的电源侧接引保护零线。

4. 重复接地装置的连接线，严禁与通过漏电保护器的工作零线相连接，若两路以上的支干线工作零线通过大地连接，只要支干线的负载不平衡，零序电流互感器就会检测出电流，即使没有真正地对地漏电，也会发生误动作。

5.2.4 重复接地的作用

1. 降低故障点对地的电压

若单相短路故障，可降低重复接地的故障点的对地电压，同时也降低了人体触电的危险程度。

2. 减轻保护零线断线的危险性

在保护零线断线的情况下，重复接地可以降低了设备发生碰壳短路故障时的接触电压。

3. 缩短故障持续时间

在施工现场内重复接地装置设置不应少于 3 处，一般情况下每处的接地电阻值≤10Ω，整个系统的接地电阻值降低了，在发生短路故障时，短路电流增大了，并且线路越长，效果越显著，从而加速了配电线路保护装置的动作，缩短了事故持续时间。

5.3 TN-S 接零保护系统特点

建筑施工现场的外电供电系统，一般为中性点直接接地的三相四线制系统。根据《施工现场临时用电安全技术规范》JGJ 46—2005 规定，建筑施工现场临时用电工程专用的电源中性点直接接地的 220/380 V 三相四线制低压电力系统，必须采用 TN-S 接零保护系统。TN-S 系统克服了 TT 系统、TN-C 系统的缺陷，在建筑施工现场电力系统中起着极其重要的保护作用。

5.3.1 接零保护

1. 在施工现场专用变压器供电的 TN-S 接零保护系统中，电气设备的金属外壳必须与保护零线连接。保护零线应由工作接地线、配电室（总配电箱）电源侧零线或总漏电保护器电源侧零线处引出，如图 5-1 所示。

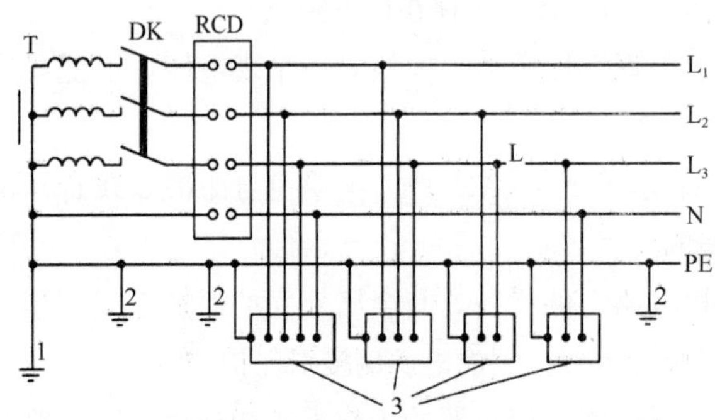

图 5-1 专用变压器供电时 TN-S 接零保护系统示意图

1—工作接地；2—PE 线重复接地；3—设备外壳

2. 当施工现场与外电线路共用同一供电系统时，电气设备的接地、接零保护应与原系统保持一致。不得一部分设备做保护接零，另一部分设备做保护接地。

采用 TN 系统做保护接零时，工作零线（N 线）必须通过总漏电保护器，保护零线（PE 线）必须由电源进线零线重复接地处或总漏电保护器电源侧零线处引出，形成局部 TN-S 接零保护系统，如图 5-2 所示。通过总漏电保护器的工作零线与保护零线之间不得再做电气连接。

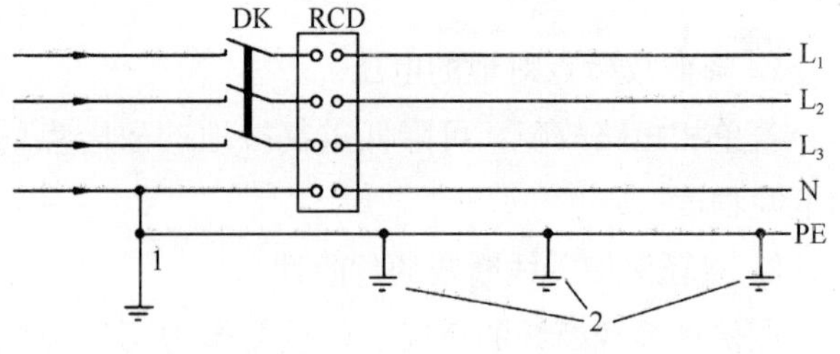

图 5-2 TN-S 接零保护系统保护零线引出示意图

1—NPE 线重复接地；2—PE 线重复接地

3. 供电方采用三相四线制供电，且供电方配电室控制柜内有漏电保护器，此时从施工现场配电室总配电箱电源侧零线或总漏电保护器电源侧零线处引出保护零线（PE 线），如图 5-3 所示，供电方配电室内漏电保护器就会跳闸。于是，有的施工单位电工从施工现场配电室（总配电箱）处的重复接地装置引出 PE 线，如图 5-4 所示。这种做法是不恰当的，因为这样做，施工现场临时用电系统仍属于 TT 系统。正确的方法应是从供电方配电室内控制柜电源侧零线上引出 PE 线，如图 5-5 所示。

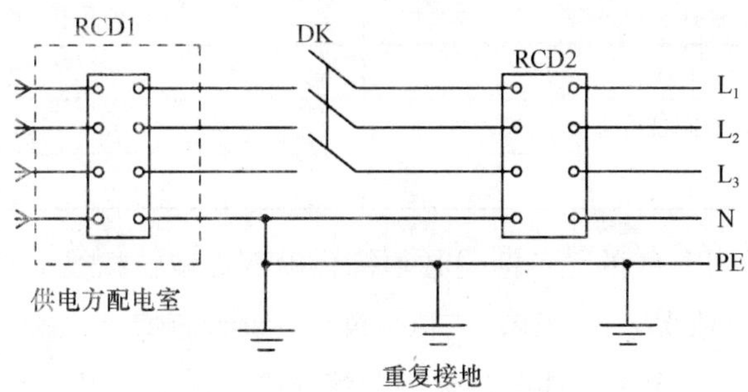

图 5-3 从总漏电保护器电源侧零线处引出保护零线示意图

DK—总电源隔离开关；RCD1—供电方配电室内总漏电保护器；

RCD2—施工现场总漏电保护器

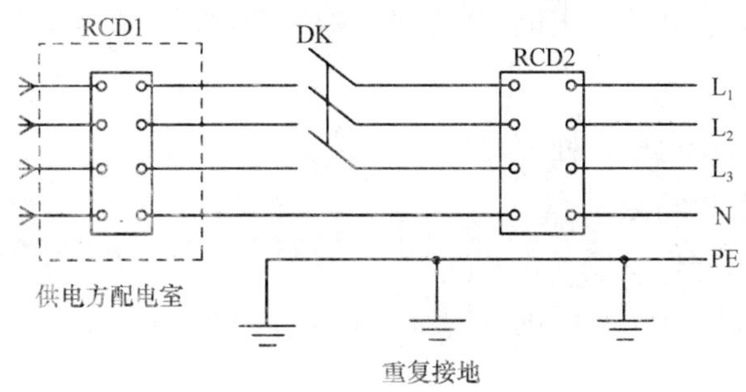

图 5-4 从重复接地装置引出 PE 线示意图

DK—总电源隔离开关；RCD1—供电方配电室内总漏电保护器；

RCD2—施工现场总漏电保护器

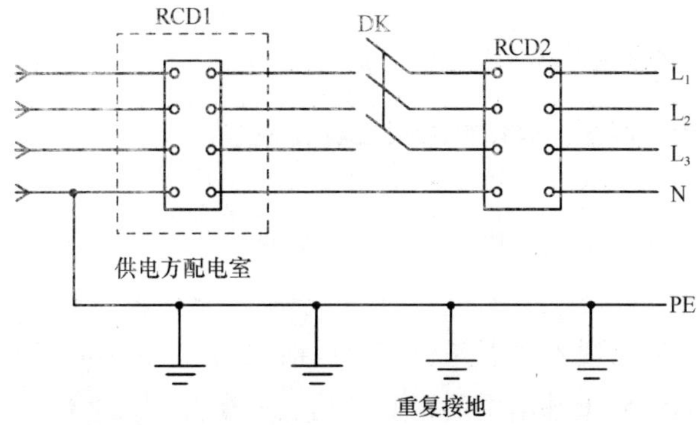

图 5-5 从供电方配电室内控制柜电源侧零线上引出 PE 线示意图

DK—总电源隔离开关；RCD1—供电方配电室内总漏电保护器；

RCD2—施工现场总漏电保护器

4. PE 线所用材质与相线、工作零线（N 线）相同时，其最小截面应符合表 5-1 的规定。

PE线截面与相线截面的关系 **表 5-1**

相线芯线截面 S（mm^2）	PE线最小截面（mm^2）
$S \leqslant 16$	S
$16 < S \leqslant 35$	16
$S > 35$	$S/2$

5. 相线、N线、PE线的颜色标记必须符合以下规定：相线 L_1（A）、L_2（B）、L_3（C）相序的绝缘颜色依次为黄、绿、红色；N线的绝缘颜色为淡蓝色；PE线的绝缘颜色为绿/黄双色。任何情况下上述颜色标记严禁混用和互相代用。

6. 施工现场供配电系统保护零线（PE线）的重复接地的数量不少于 $2n+1$（n 代表总分路数量）处，分别设置于配电系统的首端、中间、末端，重复接地连接线应选用绿/黄双色多股软铜线，其截面不小于相线截面的50%，且不小于 $2.5mm^2$。重复接地连接线应与配电箱、开关箱内的（PE线）端子板连接，保护零线（PE线）设置重复接地的部位可为：

（1）总配电箱（配电柜）处。

（2）各分路分配电箱处。

（3）各分路最远端用电设备开关箱处。

（4）塔式起重机、施工升降机、物料提升机、混凝土搅拌站等大型施工机械设备开关箱处。

7. 总配电箱（配电柜）三相四线制电源进线工作零线（N线）的重复接地电阻值宜与电源的电力变压器或发电机中性点直接接地的工作接地电阻值（$\leqslant 4\Omega$）保持一致。保护零线（PE线）重复接地时，每处重复接地电阻值不得大于 10Ω。

5.3.2 接地装置与接地电阻

接地体和接地线焊接在一起，称为接地装置。

1. 接地体

接地体一般分为自然接地体和人工接地体两种。

（1）自然接地体

自然接地体是指原已埋入地下并可兼作接地用的金属物体。例如原已埋入地中的直接与地接触的钢筋混凝土基础中的钢筋结构、金属井管、非燃气金属管道、铠装电缆（铅包电缆除外）的金属外皮等，均可作为自然接地体。

（2）人工接地体

人工接地体是指人为埋入地中直接与地接触的金属物体。简言之，即人工埋入地中的接地体。用作人工接地体的金属材料通常可以采用圆钢、钢管、角钢、扁钢及它们的焊接件，但不得采用螺纹钢和铝材。

2. 接地线

接地线可以分为自然接地线和人工接地线两种。

(1) 自然接地线

自然接地线是指设备本身原已具备的接地线。如钢筋混凝土构件的钢筋、穿线钢管、铠装电缆（铅包电缆除外）的金属外皮等。自然接地线可用于一般场所各种接地的接地线，但在有爆炸危险场所只能用作辅助接地线。自然接地线各部分之间应保证电气连接，严禁采用不能保证可靠电气连接的水管和既不能保证电气连接又有可能引起爆炸危险的燃气管道作为自然接地线。

(2) 人工接地线

人工接地线是指人为设置的接地线。人工接地线一般可采用圆钢、钢管、角钢、扁钢等钢质材料，但接地线直接与电气设备相连的部分以及采用钢接地线有困难时，应采用绝缘铜线。

3. 接地装置的敷设

接地装置的敷设应遵循下述原则和要求：

(1) 应充分利用自然接地体。当无自然接地体可利用，或自然接地体电阻不符合要求，或自然接地体运行中各部分连接不可靠，或有爆炸危险场所，则须敷设人工接地体。

(2) 应尽量利用自然接地线。当无自然接地线可利用，或自然接地线不符合要求，或自然接地线运行中各部分连接不可靠，或有爆炸危险场所，则须敷设人工接地线。

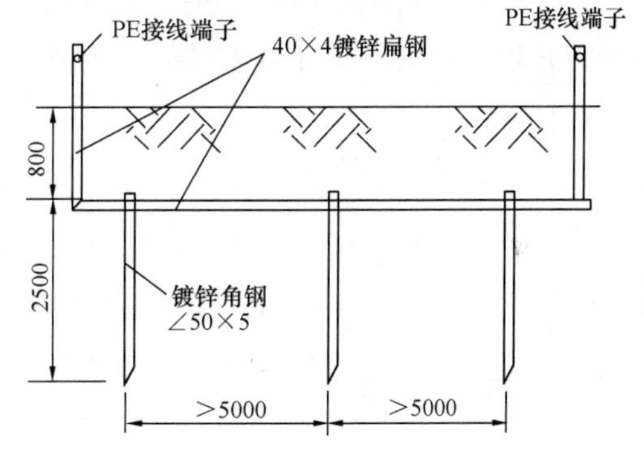

图 5-6 人工接地体做法示意图

(3) 人工接地体可垂直敷设或水平敷设。垂直敷设时，如图 5-6 所示，接地体相互间距不宜小于其长度的 2 倍，顶端埋深一般为 0.8m；水平敷设时，接地体相互间距不宜小于 5m，埋深一般不小于 0.8m。

(4) 人工接地体和人工接地线的最小规格分别见表 5-2 和表 5-3。

人工接地体最小规格 **表 5-2**

材料名称	规格项目	最小规格
圆钢	直径（mm）	4
钢管	壁厚（mm）	3.5
角钢	板厚（mm）	4
扁钢	截面（mm^2）	48
	板厚（mm）	6

注：敷设在腐蚀性较强的场所或土壤电阻率 $\rho \leqslant 100\Omega \cdot m$ 的潮湿土壤中的接地体，应适当加大规格或热镀锌。

人工接地线最小规格 **表 5-3**

材料名称	规格项目	地上敷设		地下敷设
		室内	室外	
圆钢	直径（mm）	5	6	8
钢管	壁厚（mm）	2.5	2.5	3.5
角钢	板厚（mm）	2	2.5	4
扁钢	截面（mm^2）	24	48	48
	板厚（mm）	3	4	8
绝缘铜线	截面（mm^2）		1.5	

注：敷设在腐蚀性较强的场所或土壤电阻率 $\rho \leqslant 100\Omega \cdot m$ 的潮湿土壤中的接地体，应适当加大规格或热镀锌。

（5）接地体和接地线之间的连接必须采用焊接，其焊接长度应符合下列要求：

1）扁钢与钢管（或角钢）焊接时，搭接长度为扁钢宽度的 2 倍，且至少 3 面焊接。

2）圆钢与钢管（或角钢）焊接时，搭接长度为圆钢直径的 6 倍，且至少 2 个长面焊接。

（6）接地线可用扁钢或圆钢。接地线应引出地面，在扁钢上端打孔或在圆钢上焊钢板打孔用螺栓加垫与保护零线（或保护零线引下线）连接牢固，要注意除锈，保证电气连接。

（7）接地线及其连接处如位于潮湿或腐蚀介质场所，应涂刷防潮、防腐蚀油漆。

（8）每一组接地装置的接地线应采用两根及以上导体，并在不同点与接地体焊接。

（9）接地体周围不得有垃圾或非导体杂物，且应与土壤紧密接触。

5.3.3 土壤导电性能

土壤的导电性能的影响因素很多，主要的因素是矿物组分、含水性、结构、温度等。土壤中所含导电离子浓度越高，土壤的导电性就越好，反之就越大。土壤越湿，含水量越多，导电性能就越好，土壤导电性随温度的升高而上升，土壤的致密性越大导电性能越好。为了减少接地电极的流散电阻，必须将接地体四周的回填土夯实，使接地极与土壤紧密接触，从而达到减小土壤电阻率的效果。

季节因素的影响季节的变化也将引起土壤电阻率的变化。季节不同，土壤的含水量和温度也就不同，影响土壤电阻率最明显的因素就是降雨和冰冻。在雨季，由于雨水的渗入，地表层土壤的密度降低，低于深层土壤；在冬季，由于土壤的冰冻作用，地表层土壤的密度升高，高于深层土壤。这样，使土壤由原来的均匀结构变成了分层的不均匀结构，引起了密度的变化。

降低土壤电阻率的措施：

1. 换土

用电阻率较低的黑土、黏土和砂质黏土等替换电阻率较高的土壤。一般换掉接地体上部 1/3 长度，周围 0.5m 以内的土壤。

2. 深埋

如果接地点的深层土壤电阻率较低，可适当增加接地体的埋入深度。深埋还可以不考虑土壤冻结和干枯所增加电阻率的影响。

3. 外引接地

通过金属引线将接地体埋设在附近土壤电阻率较低的地点。

4. 化学处理

在接地点的土壤中混入炉渣、木炭粉、食盐等化学物质以及采用专用的化学降阻剂，可以有效地降低土壤电阻率。

5. 保土

采取措施保持接地点土壤长期湿润。

6. 对冻土进行处理

在冬天往接地点的土壤中加泥炭，防止土壤冻结，或者将接地体埋在建筑物的下面。

6 施工现场的配电

建筑施工现场所需要的电能绝大多数是由城市公共电力系统（图 6-1）供给的，也有施工现场因远离电力线路，不便取用外电而采用柴油发电机作为自备电源。当然也有两者兼而有之的，将柴油发电机组作为外电线路停电时的备用电源。采用外电线路时也有两种方式，一是直接取用 220/380V 市电；二是取用高压电力，通过设置电力变压器将高压电变换成低压电使用。

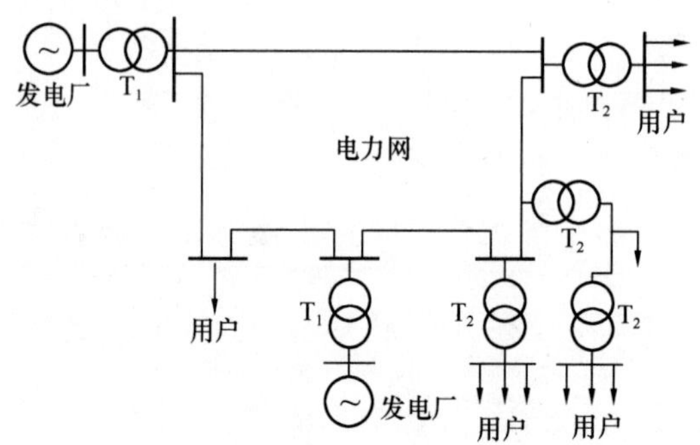

图 6-1　城市公共电力系统示意图

T_1—升压变压器；T_2—降压变压器

6.1　施工现场的配电室

6.1.1　配电室的位置及布置

正确选择配电室的位置，对于施工现场供配电系统的合理布局、安全运行和提高供电质量关系极大。通常，配电室的选择应根据现场负荷的类型、负荷的大小和分布特点以及环境特征等进行综合考虑，概括起来说应符合下列要求：

（1）靠近电源。

（2）靠近负荷中心。

（3）进出线方便。

（4）周边道路畅通。

（5）周围环境灰尘少、潮气少、振动少，无腐蚀介质、无易燃易爆物、无积水。

（6）避开污源的下风侧和易积水场所的正下方。

6.1.2 配电室的设计

配电室的设计应满足如下要求：

（1）配电室的面积应满足配电柜空间排列的要求。

（2）配电室天棚的高度应当距离地面不低于3m。

（3）配电室的门应向外开并配锁以方便工作人员，防止闲杂人员出入。

（4）配电室门窗能自然通风和采光。

（5）配电室屋面应有保温隔层及防水、排水措施。

（6）配电室结构应能防止小动物进入，特别是能防止鼠类等小动物进入电器、母线间造成短路故障或咬坏电线、电缆。

（7）配电室建筑的耐火等级应不低于三级，同时室内应配置砂箱和可用于扑灭电气火灾的灭火器。

6.1.3 配电室的布置

配电室的布置主要是指配电室内配电柜的空间排列，配电室的布置应符合下列要求：

（1）配电柜正面的操作通道宽度，单列布置或双列背对背布置时不小于1.5m；双列面对面布置时不小于2m。

（2）配电柜后面的维护通道宽度，单列布置或双列面对面布置时不小于0.8m；双列背对背布置时不小于1.5m；个别地点有建筑物结构突出的空地，则此点通道宽度可减少0.2m。

（3）配电柜侧面的维护通道宽度不小于1m。

（4）配电室内设值班室或检修室时，该室边缘距配电柜的水平距离大于1m，并采取屏障隔离。

（5）配电室内的裸母线与地面通道的垂直距离不小于2.5m，小于2.5m时应采用遮栏隔离，遮栏下面的通道高度不小于1.9m。

（6）配电室围栏上端与其正上方带电部分的净距不小于0.075m。

（7）配电装置上端（含配电柜顶部与配电母线排）距顶棚不小于0.5m。

（8）配电室内的母线涂刷有色油漆，以标志相序；以柜正面方向为基准，其涂色符合表6-1的规定。

母线涂色 **表6-1**

相别	颜色	垂直排列	水平排列	引下排列
L1（A）	黄	上	后	左
L2（B）	绿	中	中	中

续表

相别	颜色	垂直排列	水平排列	引下排列
L3（C）	红	下	前	右
N	淡蓝			

（9）配电室的照明应包括两个彼此独立的照明系统：一是正常照明；二是事故照明。事故照明应不受配电室总配电箱控制。

（10）配电室经常保持整洁，无杂物。

6.2 施工现场自备电源

按照《施工现场临时用电安全技术规范》JGJ 46—2005 的规定，施工现场设置的自备电源，是指自行设置的230/400V发电机组。施工现场设置自备电源主要是基于以下两种情况：一是无外电线路电源可供取用，自备电源即作为正常用电的电源；二是正常用电时，由外电线路电源供电，自备电源仅作为外电线路电源停止供电时的后备接续供电电源。

6.2.1 发电机室的位置和布置

发电机室通常是指发电机组及其控制、配电装置共同设置的室内场所，发电机室的位置和布置应符合以下要求：

（1）当发电机组仅作为外电线路停止供电时的后备接续供电电源时，发电机室应力求靠近现场配电室或总配电箱，以便于与外电线路电源联络；当发电机组作正常用电电源时，发电机室应按施工现场的配电室的设置位置要求设置。

（2）发电机组的排烟管道必须伸出室外，并且其室外端邻近不得有任何能被排烟引燃的易燃易爆物。

（3）除作为发电机的原动机运行需要临时放置的油桶外，发电机室内及其周围地区严禁存放贮油桶等易燃易爆物品。

（4）发电机室建筑应符合配电室建筑设计的要求。

（5）发电机室内外应严禁烟火，并须配置可用于扑灭电气火灾的灭火器。

6.2.2 自备发配电系统

所谓自备发配电系统是指以发电机组作为电源与配电装置、配电线路、接地装置组合的供配电系统。

施工现场临时用电工程中的自备发电机供配电系统的设置必须遵守以下三条原则：

（1）自备发电机组电源应与外电线路电源相互连锁，严禁并列运行。

（2）自备发电机组的供配电系统应采用具有专用保护零线的三相四线制中性点直接接地系统。

（3）自备发电机组电源的接地、接零系统应独立设置，与外电线路隔离，不得有电气连接。

6.3 施工现场的配电线路

施工现场的配电线路是指根据现场施工需要而敷设的配电线路。在一般情况下，施工现场的配电线路包括室外线路和室内线路。室外线路的敷设方式主要有绝缘导线架空敷设（架空线路）和绝缘电缆埋地敷设（电缆线路）两种，也有电缆线路明敷设的；室内线路的敷设方式通常有绝缘导线和电缆的明敷设和暗敷设（明设线路或暗设线路）两种。

施工现场的配电线路担负着现场输送、分配电能的任务，遍布于整个施工现场。因此，它能否安全运行，与现场施工人员乃至整个施工现场的安全关系极大。

6.3.1 导线和电缆

导线和电缆是配电线路的主体部分，是传输、分配电能的引导者。施工现场配电线路所用的导线和电缆都必须具有良好的绝缘保护层。

1. 电线的型号

电线的型号由分类用途代号和材料结构等特性代号组成。

（1）分类用途代号

B——布电线；R——日用电器用软线；BB——玻璃丝编制涂蜡布电线。

（2）材料结构代号

T——铜，L——铝；X——橡皮（在橡套电线中可省略），V——塑料（聚氯乙烯）；H——橡套，V——塑料护套，M——棉纱编织涂蜡（可省略），BL——玻璃丝编织涂蜡壳。

2. 电缆的型号

电缆的型号由分类用途代号和材料结构等特性代号组成。

（1）分类用途代号

不标——电力电缆；K——控制电缆；P——通信电缆；S——射频电缆。

（2）施工现场一般用电力电缆，如图 6-2 所示。电力电缆型号按电缆结构的排列次序一般为：绝缘材料、导体材料、内护层、外护层，如图 6-3 所示。

电力电缆型号各部分的代号及其含义如下：

1）绝缘材料：V——聚氯乙烯；X——橡胶；Y——聚乙烯；YJ——交联聚乙烯；

Z——油浸纸。

图 6-2 电力电缆实物图

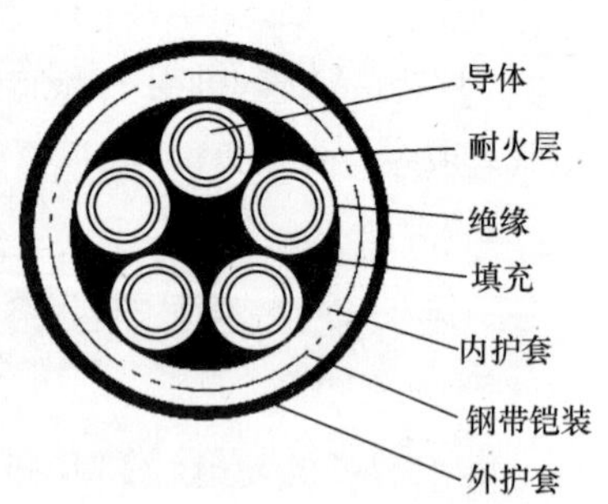

图 6-3 电力电缆结构图

2）导体材料：L——铝；T（可省略）——铜。

3）内护层：V——氯乙烯护套；Y——聚乙烯护套；L——铝护套；Q——铅护套；H——橡胶护套；F——氯丁橡胶护套。

4）外护层：包括铠装层和外被层，用数字表示，有两位数字，第一位数字表示铠装，第二位数字表示外被，如粗钢丝铠装纤维外被表示为 41。

铠装层：0——无；2——双钢带；3——细钢丝；4——粗钢丝。

外被层：0——无；1——纤维外被；2——聚氯乙烯护套；3——聚乙烯护套。

5）阻燃电缆在代号前加 ZR，耐火电缆在代号前加 NH。

型号举例：0.6/1KVZR-YJV22-1kV，3×2.5。其中：

0.6/1kV——额定电压等级，0.6kV 表示导体对“地”的电压为 0.6kV，1kV 表示导体各“相”间电压为 1kV。

ZR——表示阻燃型。

YJ——表示交联聚乙烯绝缘。

V——聚氯乙烯外护套。

22——前一个 2 代表铠装材质，2 表示钢带铠装，后一个 2 代表外护套材质，2 表示聚氯乙烯外护套。

3×2.5——规格，3 表示芯数，2.5 表示导体的“标称截面”（单位为 mm^2）。

3. 常用导线、电缆的型号、规格及用途

常用导线、电缆的型号、规格及用途见表 6-2。

常用导线、电缆型号规格及用途 **表 6-2**

型号		名称	电压（V）	截面（mm^2）	用途
电缆	BX	铜芯橡皮线	500	0.75500	室内外明装固定敷设或穿管敷设
	BLX	铝芯橡皮线	500	2.5～400	
	BXR	铜芯橡皮软线	500	0.73～400	

续表

型号		名称	电压（V）	截面（mm^2）	用途
电缆	BBXR	铜芯玻璃丝编织橡皮软线	500	0.75～95	室内外明装固定敷设或穿管敷设
	BBX	铜芯玻璃丝编织橡皮软线	500	0.75～95	
	BV	铜芯塑料绝缘线	500	0.5～185	
	BLV	铝芯塑料绝缘线	500	0.5～400	
	BLVV	铝芯塑料绝缘塑料护套线	500	0.2～10	
	VV（VLV）	塑料绝缘塑料护套铜（铝）电缆	1000 及以下	1.0～185（2.5～500）	敷设在室内、隧道内及管道内，不能受机械外力
	VV22（VLV22）	塑料绝缘塑料护套内钢带铠装铜（铝）芯电力电缆	1000 及以下	1.0～400	敷设在地下，能承受机械外力
	XV29（XLV29）	橡皮绝缘铜（铝）芯电力电缆	500	4～240	敷设在室内、隧道内及管道内，不能受机械外力
	ZQ（ZLQ）	铜（铝）芯纸绝缘裸铅包电力电缆	1000 及以下	2.5～300	敷设在室内、沟道及管子内，对电缆应没有外力
	RVV	聚氯乙烯绝缘铜芯软电缆	500	0.5～4	适用于小型电动工具、仪表及动力照明

6.3.2　配电线路的形式

通常配电线路的结构形式有放射式、树干式、链式和环形等四种。

1. 放射式配线

放射式配线，如图 6-4 所示，是指若干独立负荷或若干集中负荷均由一个单独的配电线路供电。

2. 树干式配线

树干式配线，如图 6-5 所示，是指若干独立负荷或若干集中负荷按它所在位置依次连接到某一条配电干线上。

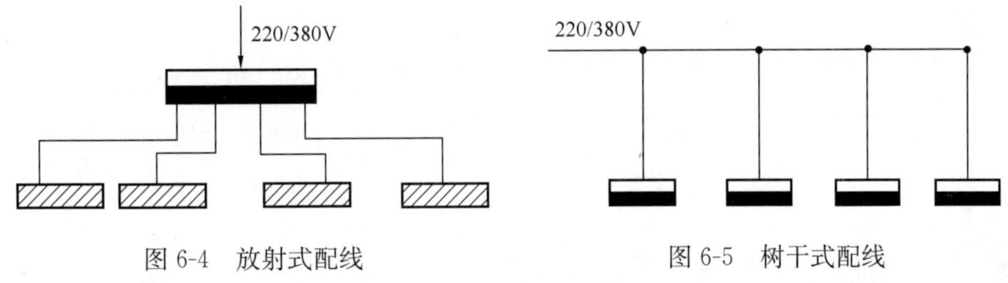

图 6-4　放射式配线　　　图 6-5　树干式配线

3. 链式配线

链式配线，如图 6-6 所示，是一种类似树干式的配电线路，但各负荷与干线之间不是独立支接。

链式配线适用于相距较近，且不很重要的小容量负荷场所，但链接独立负荷不宜超过 3～4 个。

4. 环形配线

环形配线，如图 6-7 所示，是指若干变压器低压侧通过联络线和开关接成环状配电线路。

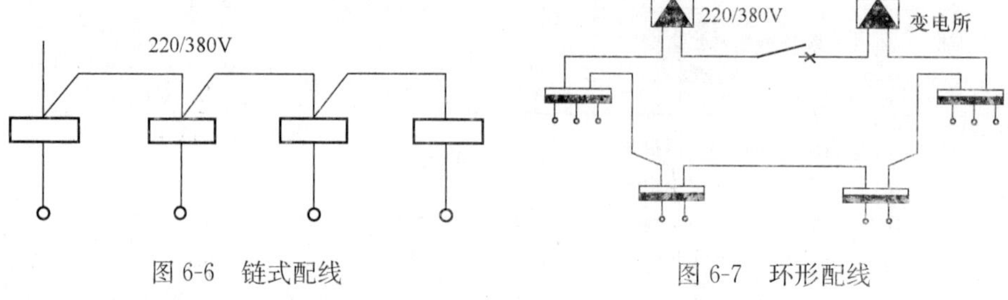

图 6-6 链式配线

图 6-7 环形配线

5. 配电线路形式的选择原则

（1）采用架空线路时，由总配电箱至分配电箱宜采用放射—树干式配线，由分配电箱至开关箱可采用放射—树干式配线或放射—链式配线。

（2）采用电缆线路时，由总配电箱至分配电箱宜采用放射式配线，由分配电箱至开关箱可采用放射式配线或放射—链式配线。

（3）采用架空—电缆混合线路时，可综合运用上述原则确定。

（4）采用多台专用变压器供电，规模较大，且属于重要工程的施工现场，可考虑采用环形配线形式。

6.3.3 架空线路的敷设

1. 架空线路的组成

架空线路的组成一般包括四部分，即电杆、横担、绝缘子和绝缘导线。如采用绝缘横担，则架空线路可由电杆、绝缘横担、绝缘线三部分组成。

钢筋混凝土电杆上各种附件装置如图 6-8 所示。

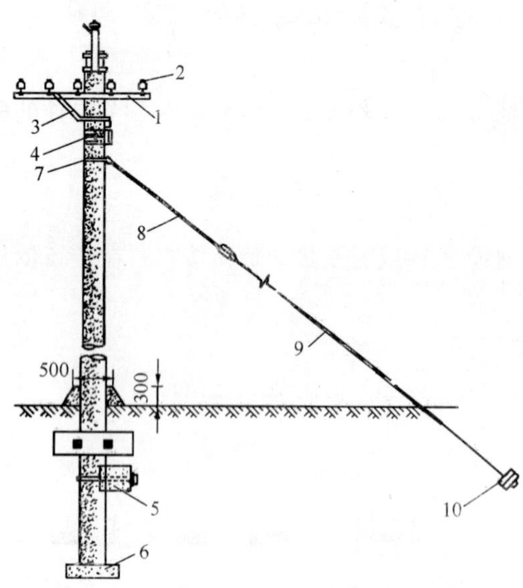

图 6-8 钢筋混凝土电杆上各种附件装置图

1—低压横担；2—低压针式绝缘子；3—横担支撑；4—低压碟式绝缘子；5—卡盘；6—底盘；7—拉线抱箍；8—拉线上把；9—拉线底把；10—拉线盘

2. 架空线相序排列顺序如下：

（1）动力、照明线在同一横担上架设时，导线相序排列顺序是：面向负荷从左侧起依次为 L1、N、L2、L3、PE。

(2) 动力、照明线在二层横担上分别架设时，导线相序排列顺序是：上层横担面向负荷从左侧起依次为 L1、L2、L3，下层横担面向负荷从左侧起依次为 L（L1、L2、L3）、N、PE。

3. 架空线路与邻近线路或固定物的防护距离

架空线路与邻近线路或固定物的防护距离应符合表 6-3 的规定。

架空线路与邻近线路或固定物的防护距离（m）　　**表 6-3**

<table>
<tr><td>项目</td><td colspan="7">距离类别</td></tr>
<tr><td rowspan="2">最小净空距离</td><td colspan="2">架空线路的过引线、接下线与邻线</td><td colspan="2">架空线与架空线电杆外缘</td><td colspan="3">架空线与摆动最大时树梢</td></tr>
<tr><td colspan="2">0.13</td><td colspan="2">0.05</td><td colspan="3">0.50</td></tr>
<tr><td rowspan="3">最小垂直距离</td><td rowspan="2">架空线同杆架设下方的通信、广播线路</td><td colspan="3">架空线最大弧垂与地面</td><td rowspan="2">架空线最大弧垂与暂设工程顶端</td><td colspan="2">架空线与邻近电力线路交叉</td></tr>
<tr><td>施工现场</td><td>机动车道</td><td>铁路轨道</td><td>1kV 以下</td><td>1～10kV</td></tr>
<tr><td>1.0</td><td>4.0</td><td>6.0</td><td>7.5</td><td>1.2</td><td>2.5</td><td>2.5</td></tr>
<tr><td rowspan="2">最小水平距离</td><td colspan="2">架空线电杆与路基边缘</td><td colspan="2">架空线电杆与铁路轨道边缘</td><td colspan="3">架空线边线与建筑物凸出部分</td></tr>
<tr><td colspan="2">1.0</td><td colspan="2">杆高+3.0</td><td colspan="3">1.0</td></tr>
</table>

4. 接户线间及与邻近线路间的防护距离

接户线间及与邻近线路间的防护距离应符合表 6-4 的规定。

接户线线间及与邻近线路间的防护距离　　**表 6-4**

<table>
<tr><td>接户线架设方式</td><td>接户线档距（m）</td><td>接户线线间距离（mm）</td></tr>
<tr><td rowspan="2">架空敷设</td><td>≤25</td><td>150</td></tr>
<tr><td>>25</td><td>200</td></tr>
<tr><td>接户线架设方式</td><td>接户线档距（m）</td><td>接户线线间距离（mm）</td></tr>
<tr><td rowspan="2">沿墙敷设</td><td>≤6</td><td>100</td></tr>
<tr><td>>6</td><td>150</td></tr>
<tr><td colspan="2">架空接户线与广播电话线交叉时的距离（mm）</td><td>接户线在上部，600
接户线在下部，300</td></tr>
<tr><td colspan="2">架空或沿墙敷设的接户线零线和相线交叉时的距离（mm）</td><td>100</td></tr>
</table>

6.3.4 电缆线路的敷设

电缆敷设应采用埋地或架空两种方式，严禁沿地面明设，以防机械损伤和介质腐蚀。

1. 埋地电缆的敷设

(1) 埋设方式

埋地电缆宜采用直埋方式。电缆直埋有很多优点，主要是施工简单，投资省，散热好，防护好，不易受损。

（2）埋设位置

电缆埋设路径应保证电缆不受机械损伤，不受热源辐射，应尽量避开建筑物、构筑物和交通要道；与邻近电缆和管沟平行间距不小于 2m，交叉间距不小于 1m。电缆埋设路径应设方位标志。

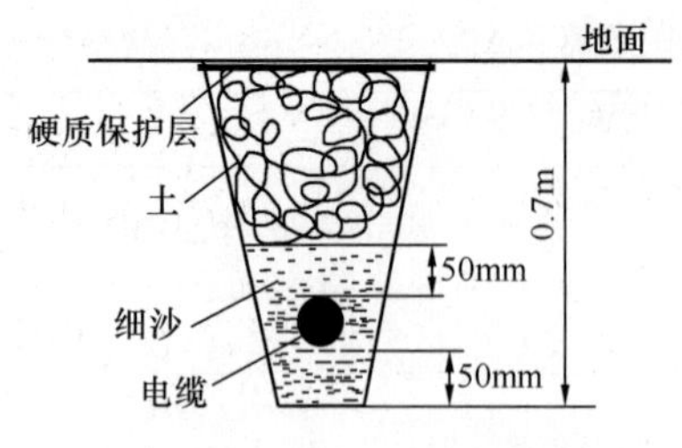

图 6-9　直埋电缆示意图

（3）埋设深度和方法

电缆直埋时，应开挖深度不小于 0.7m、断面为梯形的沟槽。敷设时，应在电缆紧邻上、下、左、右侧均匀敷设不小于 50mm 厚的细沙，然后回填原土，并于地表面覆盖砖、混凝土板等硬质保护层，埋设方法如图 6-9 所示。

（4）电缆接头

直埋电缆的接头应设在地面上的接线盒内，在地下不得有接头。

（5）电缆防护

直埋电缆在穿越建筑物、构筑物、道路、易受机械损伤、介质腐蚀场所及引出地面时，从 2m 高到地下 0.2m 处必须加设防护套管，防护套管内径不应小于电缆外径的 1.5 倍。电缆接线盒应能防水、防尘、防机械损伤，并远离易燃、易爆、易腐蚀场所。

2. 架空电缆的敷设

（1）架设方式

架空电缆应沿电杆、支架或墙体敷设，不得沿树木、屋面敷设，严禁沿脚手架敷设。

（2）架设位置

电缆架设路径应保证电缆不受机械损伤和介质腐蚀。

（3）架设高度和方法

电缆架空敷设高度符合架空线路敷设高度的要求。

电缆架空敷设时，宜用绝缘子固定，用绝缘线绑扎，相邻固定点间距应保证电缆能承受自重带来的荷载，以防芯线被拉伸、变形或拉断。

（4）电缆接头

架空电缆接头应连接牢固、可靠，并做绝缘、防水包扎，不得承受张力。

3. 在建工程内的电缆敷设

（1）引入方式

在建工程内的临时电缆线路必须采用埋地穿管方式引入，严禁穿越脚手架架空引入和沿地面门口引入。

（2）敷设位置和方法

电缆垂直敷设时，应充分利用在建工程的竖井、垂直孔洞等，并应尽量靠近负荷中心。固定点每楼层不少于一处，以分解削弱电缆自重带来的张力，并避免电缆晃动。

电缆水平敷设时，宜沿门口和墙体刚性固定，且其相对作业地面垂直高度不小于2m。

6.3.5 室内配线的敷设

安装在现场办公室、生活用房、加工厂房等临设建筑内的配电线路，统称为室内配电线路，简称室内配线。室内配线分为明敷设和暗敷设两种。

1. 明敷设的要求

明敷设可采用瓷瓶、瓷（塑料）夹配线，嵌绝缘槽配线和钢索配线三种方式，不得悬空乱拉。

（1）采用瓷瓶、瓷（塑料）夹配线时，瓷瓶、瓷（塑料）夹应紧固在墙壁和棚顶上。

（2）采用嵌绝缘槽配线时，绝缘槽应紧固在墙壁和顶棚上，不得松脱，不得破裂露线。

（3）采用钢索配线时，钢索吊架间距不宜大于12m。采用瓷（塑料）夹固定绝缘导线时，绝缘导线间距不应小于35mm、瓷（塑料）夹间距不应大于800mm；采用瓷瓶固定绝缘导线时，导线间距不应小于100mm，瓷瓶间距不应大于1.5m；采用护套绝缘导线或电缆时，可直接敷设于钢索上。

（4）明敷主干线的距地高度不得小于2.5m。

（5）明敷线路分支处不应承受外力。

（6）明敷线路应减少弯曲、悬垂，尽量取直。

2. 暗敷设的要求

暗敷设可采用绝缘导线穿管埋墙或埋地方式和电缆直埋墙或直埋地方式，但应注意三个问题：

（1）暗敷设线路部分不得有接头。

（2）暗敷设金属穿管应作等电位连接，并与PE线相连接。

（3）潮湿场所或埋地非电缆（绝缘导线）配线必须穿管敷设，严禁不穿管直接埋设地下，管口和管接头应密封。

6.3.6 导线的选择

导线的选择主要是选择导线的种类和导线的截面。

1. 导线种类的选择

施工现场架空线和室内配线必须采用绝缘导线，严禁采用裸导线，因为裸导线在人体碰线触电和线间短路方面潜在的危险性更大。

所谓绝缘导线是指绝缘性能完好的导线。绝缘完好的标准是指绝缘无老化、无裂纹、无破损裸露导体现象，且其绝缘电阻不小于每伏 1000Ω，额定工作电压大于线路工作电压。

由于铜的导电性能远远优于铝，所以有条件时可优先选用绝缘铜线，其优点是与铝线相比电气连接性好，电阻率低，机械强度大，并有利于降低线路电压损失。

2. 导线截面的选择

导线截面的选择主要是依据线路负荷计算结果，按绝缘导线允许温升初选导线截面，然后按线路电压偏移和机械强度要求进行校验，按工作制核准后，最终综合确定导线截面。

（1）按允许温升初选导线截面

按允许温升初选导线截面，应使所选导线长期连续负荷允许载流量 I_y 大于或等于其实际计算电流 I_j，即：

$$I_y \geqslant I_j \tag{6-1}$$

式中　I_y ——导线、电缆按发热条件允许的长期工作电流，A；

I_j ——实际计算电流，A。

常用低压导线允许电流数据见表 6-5、表 6-6、表 6-7。

橡皮绝缘电力电缆载流量　　**表 6-5**

主线芯数×截面（根×mm²）	中性线芯截面（mm²）	空气中敷设				直埋地			
		铝芯		铜芯		铝芯		铜芯	
		XLV	XLF XLHF XLQ XLQ20	XV	XF XHF XQ XQ20	XLV_{29}	XLQ_2	XV_{29}	XQ_2
3×1.5	1.5			13	19			24	25
3×2.5	（注③）	19	21	24	25			32	33
3×4	2.5	25	27	32	34	33	34	41	43
3×6	4	32	35	40	44	41	43	52	54
3×10	6	45	48	57	60	56	58	71	74
3×16	6	59	64	76	81	72	76	93	99
3×25	10	79	85	101	107	94	99	120	126
3×35	10	97	104	124	131	113	119	145	151
3×50	16	124	133	158	170	140	148	178	188
3×70	25	150	161	191	205	168	176	213	224
3×95	35	184	197	234	251	200	210	255	267
3×120	35	212	227	269	289	225	238	286	302
3×150	50	245	263	311	337	257	270	326	342
3×185	50	284	303	359	388	289	300	365	385

注：① 表中数据为三芯电缆的载流量值，四芯电缆载流量可借用三芯电缆的载流量值。

② XLQ、XLQ20 型电缆最小规格为 $3\times4mm^2+1\times2.5mm^2$。

③ 主线芯为 $2.5mm^2$ 的铝芯电缆，其中性线截面仍为 $2.5mm^2$。主线芯为 $2.5mm^2$ 的铜芯电缆，其中性线截面为 $1.5mm^2$。

500V 铜芯绝缘导线长期连续负荷允许载流量表

表 6-6

导线截面（mm^2）	线芯结构			导线明敷设时允许负荷电流（A）				橡皮绝缘导线多根同穿在一根管内时，允许负荷电流（A）												塑料绝缘导线多根同穿在一根管内时，允许负荷电流（A）											
	股数	单芯直径（mm）	成品外径（mm）	25℃		30℃		25℃						30℃						25℃						30℃					
				橡皮	塑料	橡皮	塑料	穿金属管			穿塑料管			穿金属管			穿塑料管			穿金属管			穿塑料管			穿金属管			穿塑料管		
								2 根	3 根	4 根	2 根	3 根	4 根	2 根	3 根	4 根	2 根	3 根	4 根	2 根	3 根	4 根	2 根	3 根	4 根	2 根	3 根	4 根	2 根	3 根	4 根
1.0	1	1.13	4.4	21	19	20	18	15	14	12	13	12	11	14	13	11	12	11	10	14	13	11	12	11	10	13	12	10	11	10	9
1.5	1	1.37	4.6	27	24	25	22	20	18	17	17	16	14	19	17	16	16	15	13	19	17	16	16	15	13	18	16	15	15	14	12
2.5	1	1.76	5.0	35	32	33	30	28	25	23	25	22	20	26	23	22	23	21	19	26	24	22	24	21	19	24	22	21	22	20	18
4	1	2.24	5.5	45	42	42	39	37	33	30	33	30	26	35	31	28	31	28	24	35	31	28	31	28	25	33	29	26	29	26	23
6	1	2.73	6.2	58	55	54	51	49	43	39	43	38	34	46	40	36	40	36	32	47	41	37	41	36	32	44	38	35	38	34	30
10	7	1.33	7.8	85	75	79	70	68	60	53	59	52	46	64	56	50	55	49	43	65	57	50	56	49	44	61	53	47	52	46	41
16	7	1.68	8.8	110	105	103	98	86	77	69	76	68	60	80	72	65	71	64	56	82	73	65	72	65	57	77	68	61	67	61	53
25	19	1.28	10.6	145	138	135	128	113	100	90	100	90	80	106	94	84	94	84	75	107	95	85	95	85	75	100	89	80	89	80	70
35	19	1.51	11.8	180	170	168	159	140	122	110	125	110	98	131	114	103	117	103	92	133	115	105	120	105	93	124	107	98	112	98	87
50	19	1.81	13.8	230	215	215	201	175	154	137	160	140	123	163	144	128	150	131	115	165	146	130	150	132	117	154	136	121	140	123	109
70	49	1.33	17.3	285	265	266	248	215	193	173	195	175	155	201	180	162	182	163	145	205	183	165	185	167	148	192	171	154	173	156	138
95	84	1.20	20.8	345	320	322	304	260	235	210	240	215	195	241	220	197	224	201	182	250	225	200	230	205	185	234	210	187	215	192	173
120	133	1.08	21.7	400	375	374	350	300	270	245	278	250	227	280	252	229	260	234	212	285	266	230	265	240	215	266	248	215	248	224	201
150	37	2.24	22.0	470	430	440	402	340	310	280	320	290	265	318	290	262	299	271	248	320	295	270	305	280	250	299	276	252	285	262	234
185	37	2.49	24.2	540	490	504	458	385	355	320	360	330	300	359	331	299	336	308	280	380	340	300	355	375	280	355	317	280	331	289	261
240	62	2.21	27.2	650		617																									

注：导电线芯最高允许工作温度为 65℃。

500V 铝芯绝缘导线长期连续负荷允许载流量表 表 6-7

导线截面（mm^2）	线芯结构			导线明敷设时允许负荷电流（A）				橡皮绝缘导线多根同穿在一根管内时，允许负荷电流（A）												塑料绝缘导线多根同穿在一根管内时，允许负荷电流（A）											
	股数	单芯直径（mm）	成品外径（mm）	25℃		30℃		25℃						30℃						25℃						30℃					
								穿金属管			穿塑料管			穿金属管			穿塑料管			穿金属管			穿塑料管			穿金属管			穿塑料管		
				橡皮	塑料	橡皮	塑料	2根	3根	4根	2根	3根	4根	2根	3根	4根	2根	3根	4根	2根	3根	4根	2根	3根	4根	2根	3根	4根	2根	3根	4根
2.5	1	1.76	5.0	27	25	25	23	21	19	16	19	17	15	20	18	15	18	16	14	20	18	15	18	16	14	19	17	14	17	15	13
4	1	2.24	5.5	35	32	33	30	28	25	23	25	23	20	26	23	22	23	22	19	27	24	22	24	22	19	25	22	21	22	21	18
6	1	2.73	6.2	45	42	42	39	37	34	30	33	29	26	35	32	28	31	27	24	35	32	28	31	27	25	33	30	26	29	25	23
10	7	1.33	7.8	65	59	61	55	52	46	40	44	40	35	49	43	37	41	37	33	49	44	38	42	38	33	46	41	36	39	36	31
16	7	1.68	8.8	85	80	79	75	66	59	52	58	52	46	62	55	49	54	49	43	63	56	50	55	49	44	59	52	47	51	46	41
25	7	2.11	10.6	110	105	103	98	86	76	68	77	68	60	80	71	64	72	64	56	80	70	65	73	65	57	75	66	61	68	61	53
35	7	2.49	11.8	138	130	129	121	106	94	83	95	84	74	99	88	78	89	79	69	100	90	80	90	80	70	94	84	75	84	75	65
50	19	1.81	13.8	175	165	163	154	133	118	105	120	108	95	124	110	98	112	101	89	125	110	100	114	102	90	117	103	94	106	95	84
70	19	2.14	16.0	220	205	206	192	165	150	133	153	135	120	154	140	124	143	126	112	155	143	127	145	130	115	145	133	119	135	121	107
95	19	2.49	18.3	265	250	248	234	200	180	160	184	165	150	187	168	150	172	154	140	190	170	152	175	158	140	177	159	142	163	148	131
120	37	2.01	20.0	310	285	290	266	230	210	190	210	190	170	215	196	177	196	177	159	220	200	180	200	185	160	206	187	168	187	173	154
150	37	2.24	22.0	360	325	336	303	260	240	220	250	227	205	241	224	206	234	212	192	250	230	210	240	215	185	234	215	196	224	201	182

注：导电线芯最高允许工作温度为 65℃。

（2）按电压偏移校验导线截面

所谓电压偏移，一般是指负偏移，即电压损失。它是指线路始、末两端电压偏移值占线路额定电压值的百分数，即：

$$\Delta U\% = \frac{U_1 - U_2}{U_e} \times 100\% \tag{6-2}$$

式中 U_1——线路始端电压，V；

U_2——线路末端电压，V；

U_e——线路额定电压，V。

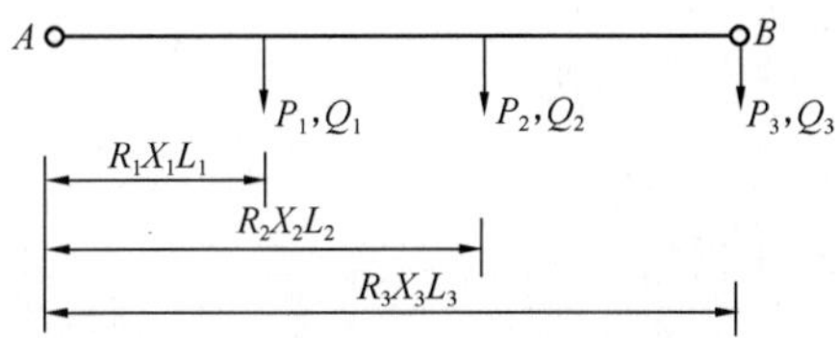

图 6-10 计算电压损失示意图

按照规定，为了保证配电线路末端用电设备正常工作，其工作电压对始端的电压偏移（损失）不得超过允许的电压偏移 $\Delta U_y\%=5\%$。所以，上述 $\Delta U\%$ 如果不大于 5%，则导线截面校验合格，否则为不合格，须再适当加大导线截面，或缩短配电距离。

如图 6-10 为计算电压损失示意图，常用的电压损失计算公式：

$$\Delta U\% = \frac{R_0}{10U_e^2}\sum_{i=1}^{n} P_i L_i + \frac{x_0}{10U_e^2}\sum_{i=1}^{n} Q_i L_i = \Delta U_a\% + \Delta U_r\% \tag{6-3}$$

式中 $\Delta U_a\% = \frac{R_0}{10U_e^2}\sum_{i=1}^{n} P_i L_i$——由有功负荷及电阻引起的电压损失；

$\Delta U_r\% = \frac{x_0}{10U_e^2}\sum_{i=1}^{n} Q_i L_i$——由无功负荷及电抗引起的电压损失；

R_0、x_0——每公里线路的电阻和电抗，Ω，取值大小参见表 6-8 和表 6-9；

U_e——线路额定线电压，kV；

P_i，Q_i——各支线的有功、无功负荷，单位分别为 kW、kvar；

L_i——电源至各支线负荷的距离，km。

BLX、BX 橡皮绝缘线的电阻和电抗（线间几何均距为 0.3m） **表 6-8**

导线截面（mm²）		16	25	35	50	70	95	120	150	185
电阻（Ω/km）	BLX	1.98	1.28	0.92	0.64	0.46	0.34	0.27	0.21	0.17
	BX	1.2	0.74	0.54	0.30	0.28	0.2	0.158	0.123	0.103
电抗（Ω/km）		0.295	0.283	0.277	0.267	0.258	0.249	0.244	0.238	0.232

BV、BLV 绝缘线的电阻和电抗（线间几何均距为 0.3m） **表 6-9**

导线截面（mm^2）		16	25	35	50	70	95	120	150	185
电阻（Ω/km）	BLX	1.98	1.28	0.92	0.64	0.46	0.34	0.27	0.21	0.17
	BX	1.2	0.74	0.54	0.30	0.28	0.2	0.158	0.123	0.103
电抗（Ω/km）		0.302	0.290	0.282	0.269	0.263	0.252	0.250	0.243	0.237

满足下列任一条件的线路，$\Delta U_r\%$可略去不计：

1）$\cos\phi=0.8$、导线截面小于 $16mm^2$ 或 $\cos\phi=0.9$、导线截面小于 $25mm^2$ 的线路。

2）无功负荷为零的线路，如白炽灯、卤钨灯照明线路。

3）截面在 $50mm^2$ 以下的三芯电缆。

施工现场 380V 低压干线的线路往往较长，且电流较大，因此，按发热条件选截面时，必须校验机械强度和电压损失。

所计算的电压损失必须在允许电压损失百分数之内，即

$$\Delta U\% \leqslant \Delta U_y\% \tag{6-4}$$

（3）按机械强度校验导线截面

初选导线截面按机械强度校验，其最小允许截面如表 6-10 所列，即要求初选导线截面必须大于或等于表中所列最小截面值。

机械强度要求的导线最小截面 **表 6-10**

敷设条件		导线截面（mm^2）		备注
		铜线	铝线	
架空动力线的相线和零线		10	16	
架空跨越铁路、公路、河流		16	25	
接户线	架空敷设	4	6	敷设长度 10～25m
		2.5	4	敷设长度 10m 以下
	沿墙敷设	4	6	敷设长度 10～25m
		2.5	4	敷设长度 10m 以下
室内照明线		1.5	2.5	
与电气设备相连的 PE 线		2.5	不允许	
手持式用电设备 PE 线		1.5	不允许	

6.3.7 电缆的选择

1. 电缆类型的选择

电缆的类型应根据其敷设方式、环境条件选择。埋地敷设时，宜选用铠装电缆，或具有防腐、防水性能的无铠装电缆；架空电缆宜选用无铠装护套电缆。选择电缆时应注意以下几点：

（1）电缆外护层必须完好无损，无裂纹，无破损裸露芯线。

（2）额定电压不低于线路工作电压。

（3）根据其使用环境是否有潮湿、积水、腐蚀介质和易燃易爆物等选择其外护层的防护性能。

2. 电缆芯线截面的选择

（1）按允许温升初选电缆芯线截面

按允许温升初选电缆芯线截面，同样应使其长期连续负荷允许载流量 I_{y} 大于或等于线路的计算电流 I_j，即 $I_{\mathrm{y}} \geqslant I_j$。

（2）按电压偏移校验电缆的芯线截面

电缆线路按电压偏移校验电缆芯线截面的要求与架空线路按电压偏移校验导线截面的要求和方法基本相同。

（3）按机械强度校验电缆芯线截面

按机械强度校验电缆芯线截面主要是针对架空电缆线路而言。强度检验可根据电缆材料、规格、重量、敷设档距等条件按力学方法计算。通常在按规定保持水平档距和垂直固定点的情况下，电缆能够承受自重带来的荷重，所以在不附加外力的情况下，可不作机械强度校验计算。而对于直埋地电缆来说，只要按前述规定要求敷设，不会受到机械力损伤，所以不必进行机械强度校验。

3. 电缆芯线配置的选择

根据基本供配电系统的要求，电缆中必须包含线路工作制所需要的全部工作芯线和 PE 线。特别需要指出，需要三相五线制配电的电缆线路必须采用五芯电缆，而采用四芯电缆外加一条绝缘线等配置方法都是错误的。五芯电缆中，除包含黄、绿、红色三条相线外，还必须包含用作 N 线的淡蓝色芯线和用作 PE 线的绿/黄双色芯线。其中，N 线和 PE 线的绝缘色规定，同样适用于四芯、三芯等电缆。

施工现场供配电线路宜选用电缆，电缆的类型、电缆芯线及截面、电缆的敷设等应符合规范要求。

（1）总配电箱（配电柜）至分配电箱必须使用五芯电缆。

（2）分配电箱至开关箱与开关箱至用电设备的相数和线数应保持一致。动力与照明分别设置时，三相设备线路可采用四芯电缆，单相设备和一般照明线路可采用三芯电缆。

（3）塔式起重机、施工升降机、混凝土搅拌站等大型施工机械设备的供电开关箱必须使用五芯电缆配电。

6.3.8 电动机负荷线和电器选配

直接与用电设备相连接的负荷线，由于线路短，电压损失不是突出的问题，因此可直接查表 6-11 选出，电器开关也可以根据电动机的型号从表 6-11 选出。

电动机负荷线和电器选配 **表 6-11**

电动机				熔断器				起动器		接触器			漏电保护器		负荷线	
型号	功率（kW）	额定电流（A）	起动电流（A）	RL1	RM10	RT10	RC1A	QC20	MSJB MSBB	B	CJX	LC1-D	DZ15L	DZ20L	通用橡套软电缆主芯线截面（mm²）	铜芯绝缘线芯线截面（mm²）
Y				熔断器规格（A）				额定电流（A）		额定电流（A）			脱扣器额定电流（A）		环境 35℃	环境 30℃
1	2	3	4	5	6	7	8	9	10	11	12	13	14	15	16	17
801-4	0.55	1.6	10	15/4			10/4									
801-2		1.8	13			20/6										
802-4	0.75	2.0	14	15/5												
90S-6		2.3	14		15/6		10/6									
802-2		2.5	18	15/6												
90S-4	1.1	2.7	18			20/10										
90L-6		3.2	19										6			
90S-2		3.4	24	15/10												
90L-4	1.5	3.7	24		15/10	20/15										
100L-6		4.0	24													
90L-2		4.8	33	15/15			10/10	16	8.5	8.5	9	9		16	2.5	1.5
100L1-4	2.2	5.0	35	60/20	15/15											
112M-6		5.6	34	15/15		20/20										
132S-8		5.8	32													
100L-2		6.5	45			20/20										
100L2-4	3.0	6.8	48	60/20	60/20		15/15						10			
132S-6		7.2	47													
132M-8		7.7	43			30/25										
112M-2		8.2	57													
112M-4	4.0	8.8	62	60/30	60/25		30/20						16			
132M1-6		9.4	61													
160M1-8		9.9	59													

续表

电动机				熔断器				起动器		接触器			漏电保护器		负荷线	
型号	功率（kW）	额定电流（A）	起动电流（A）	RL1	RM10	RT10	RC1A	QC20	MSJB MSBB	B	CJX	LC1-D	DZ15L	DZ20L	通用橡套软电缆主芯线截面（mm²）	铜芯绝缘线芯线截面（mm²）
Y				熔断器规格（A）				额定电流（A）		额定电流（A）			脱扣器额定电流（A）		环境 35℃	环境 30℃
1	2	3	4	5	6	7	8	9	10	11	12	13	14	15	16	17
132S1-2	5.5	11	78	60/35	60/35	30/30	30/25	16	11.5	11.5（B12）	12	12	16	16	2.5	1.5
132S-4		12	81													
132M2-6		13	82													
160M2-8		13	80													
132S2-2	7.5	15	105	60/50	60/45	60/40	60/40		15.5	15（B16）	16	16	20	20		
132M-4		15	108													
160M-6		17	111													
100L-8		18	97	60/40												
160M1-2	11	22	153	100/80	60/45	60/50	60/50	32	22	22（B25）	22（CJ×1）25（CJ×2）	25	25	32	4.0	
160M-4		23	158													
160L-6		25	160										32			
180L-8		25	151													
160L2-2	15	29	206		100/80	60/60	60/60		30	30（B30）	32（CJ×1）	32			6.0	2.5
160L-4		30	212													
180L-6		32	205										40	40		4.0
200L-8		34	205													
160L-2	18.5	36	249			100/80	100/80	63	37	37（B37）		40			10.0	
180M-4		36	251													
200L1-6		38	245										50	50		
225S-8		41	248													
180M-2	22	42	295	100/100			100/100		45	45（B45）		50				6.0
180L-4		43	298													
200L2-6		45	290													
225M-8		48	285													
220L1-2	30	57	398	200/125	200/125	100/100	200/120		65	65（B65）		63	63	63	16.0	10.0
200L-4		57	398													
225M-6		60	387													
250M-8		63	378													

续表

电动机				熔断器				起动器		接触器			漏电保护器		负荷线	
型号	功率（kW）	额定电流（A）	起动电流（A）	RL1	RM10	RT10	RC1A	QC20	MSJB MSBB	B	CJX	LC1-D	DZ15L	DZ20L	通用橡套软电缆主芯线截面（mm^2）	铜芯绝缘线芯线截面（mm^2）
Y				熔断器规格（A）				额定电流（A）		额定电流（A）			脱扣器额定电流（A）		环境 35℃	环境 30℃
1	2	3	4	5	6	7	8	9	10	11	12	13	14	15	16	17
2302L-2	37	70	489	200/150	200/160		200/150	80	85	85（B85）		80	80	80	16	10
225S-4		70	489													
250M-6		72	468												25	
280S-8		79	472													
225M-2	45	84	587	200/200			200/200					95	100	100		16
225M-4		84	589													
280S-6		85	555													
280M-8		93	559							105（B105）						
315M-10		98	637		200/200											
250M-2	55	103	719						105		115（CJ×4）			125	35	
250M-4		103	718													
280M-6		105	682													
315S-8		109	709							170（B170）						25
315M2-10		120	780								185（CJ×2）					
280S-2	75	140	981		350/225				170					160	50	35
280S-4		140	978													
315S-6		142	923													
315M1-8		148	962													
315M3-10		160	1040		350/260									180	70	

注：① 熔体的额定电流是按电动机轻载起动计算的。

② 接触器的约（额）定发热电流均大于其额定（工作）电流，因而表中所选接触器均有一定承受过载能力。

③ MSJB、MSBB系列磁力起动器采用B系列接触器和T系列热继电器，表中所列数据为起动器定额（工作）电流，均小于其配套接触器的约（额）定发热电流，因而表中所选接触器均有一定承受过载能力，类似的，QC20系列磁力起动器也有一定承受过载能力。

④ 漏电保护器的脱扣器额定电流系指其长延时动作电流整定值。

⑤ 负荷线选配按空气中明敷设条件考虑，其中电缆为三芯及以上电缆。

6.3.9 常用导线的连接

电气工程中，导线的连接是电工基本工艺之一。导线连接的质量好坏关系着线路和设备运行的可靠性和安全程度。对导线连接的基本要求是：电接触良好，机械强度足够，接头美观，且绝缘恢复正常。

1. 线头绝缘层的剖削

（1）塑料硬线绝缘层的剖削

有条件时，去除塑料硬线的绝缘层用剥线钳甚为方便。在没有剥线钳时，可用钢丝钳和电工刀剖削。

线芯截面在 2.5mm^2 及以下的塑料硬线，可用钢丝钳剖削：先在线头所需长度交界处，用钢丝钳口轻轻切破绝缘层表皮，然后左手拉紧导线，右手适当用力捏住钢丝钳头部，向外用力勒去绝缘层，如图 6-11 所示。在勒去绝缘层时，不可在钳口处加剪切力，这样会伤及线芯，甚至将导线剪断。

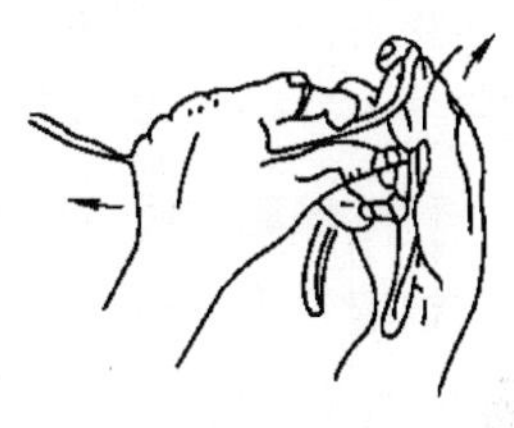

图 6-11 用钢丝钳勒去导线绝缘层

对于规格大于 4mm^2 的塑料硬线的绝缘层，直接用钢丝钳剖削较为困难，可用电工刀剖削。先根据线头所需长度，用电工刀刀口对导线呈 45°角切入塑料绝缘层，注意掌握刀口刚好削透绝缘层而不伤及线芯，如图 6-12（a）所示；然后调整刀口与导线间的角度以 15°角向前推进，将绝缘层削出一个缺口，如图 6-12（b）所示；接着将未削去的绝缘层向后扳翻，再用电工刀切齐，如图 6-12（c）所示。

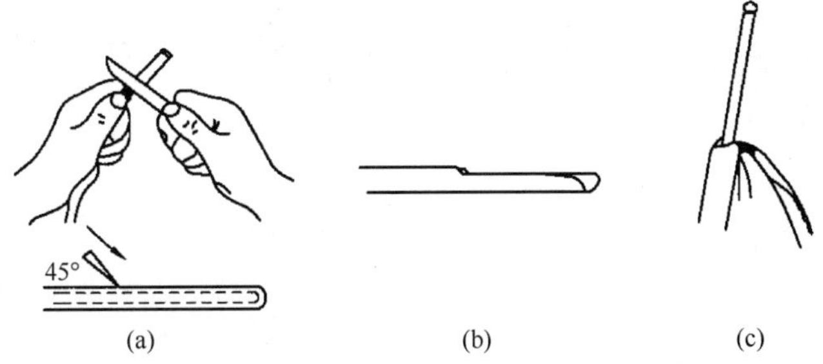

图 6-12 用电工刀剖削塑料硬线

（a）削出缺口；（b）将绝缘层削出缺口；（c）用电工刀切齐

（2）塑料软线绝缘层的剖削

塑料软线绝缘层的剖削除用剥线钳外，仍可用钢丝钳按直接剖剥 2.5mm^2 及以下的塑料硬线的方法进行，但不能用电工刀剖剥。

（3）塑料护套线绝缘层的剖削

塑料护套线绝缘层分为外层的公共护套层和内部每根芯线的绝缘层。公共护套层

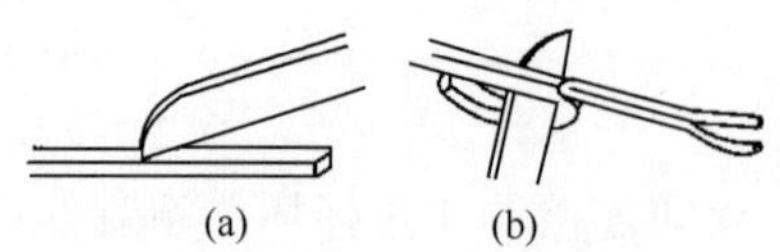

图 6-13　塑料护套线的剖削

(a) 划开护套层；(b) 切去护套层

一般用电工刀剖削，先按线头所需长度，将刀尖对准两股芯线的中缝划开护套层，并将护套层向后扳翻，然后用电工刀齐根切去，如图 6-13 所示。

切去护套后，露出的每根芯线绝缘层可用钢丝钳或电工刀按照剖削塑料硬线绝缘层的方法分别除去。

(4) 橡皮线绝缘层的剖削

橡皮线绝缘层外面有一层柔韧的纤维编织保护层，先用剖削护套线护套层的办法，用电工刀尖划开纤维编织层，并将其扳翻后齐根切去，再用剖削塑料硬线绝缘层的方法，除去橡皮绝缘层。如橡皮绝缘层内的芯线上包缠着棉纱，可将该棉纱层松开，齐根切去。

(5) 橡套软线（橡套电缆）绝缘层的剖削

橡套软线外包护套层，内部每根线芯上又有各自的橡皮绝缘层。外护套层较厚，按切除塑料护套层的方法切除，露出的多股芯线绝缘层，可用钢丝钳勒去。

(6) 铅包线护套层和绝缘层的剖削

铅包线绝缘层分为外部铅包层和内部芯线绝缘层，剖削时选用电工刀在铅包层切下一个刀痕，然后上下左右扳动折弯这个刀痕，使铅包层从切口处折断，并将它从线头上拉掉。内部芯线绝缘层的剖除方法与塑料硬线绝缘层的剖削方法相同。剖削铅包线绝缘层的过程如图 6-14 所示。

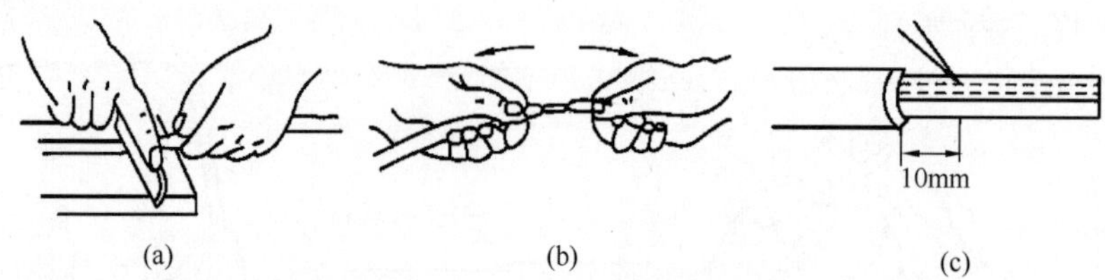

图 6-14　铅包线绝缘层的剖削

(a) 剖切铅包层；(b) 折扳和拉出铅包层；(c) 剖削芯线绝缘层

(7) 漆包线绝缘层的去除

漆包线绝缘层是喷涂在芯线上的绝缘漆层。由于线径的不同，去除绝缘层的方法也不一样。直径在 1mm 以上的，可用细砂纸或细纱布擦去；直径在 0.6mm 以上的，可用薄刀片刮去；直径在 0.1mm 及以下的，也可用细砂纸或细纱布擦除，但易于折断，需要小心操作。有时为了保证漆包线的芯线直径准确以便于测量，也可用微火烤焦其线头绝缘层，再轻轻刮去。

2. 导线线头的连接

常用的导线按芯线股数不同，有单股、7 股和 19 股等多种规格，其连接方法也各不相同。

（1）铜芯导线的连接

1）单股芯线直连

铜芯导线的直连连接有绞接和缠绕两种方法。绞接法用于截面较小的导线，缠绕法用于截面较大的导线。

绞接法是先将已剖除绝缘层并去掉氧化层的两根线头呈“×”形相交，如图 6-15（a）所示；互相绞合 2～3 圈，如图 6-15（b）所示；接着扳直两个线头的自由端，将每根线自由端在对边的线芯上紧密缠绕到线芯直径的 6～8 倍长，将多余的线头剪去，修理好切口毛刺即可，如图 6-15（c）所示。

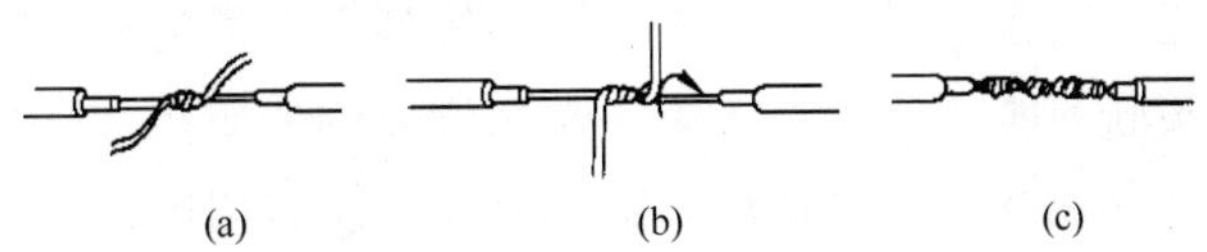

图 6-15　单股芯线直线连接（绞接）

（a）“×”形相交；（b）互相绞合；（c）紧密缠绕

缠绕法有加辅助线和不加辅助线两种，适用于 $6mm^2$ 及以上的单芯线的直接连接。连接方法是：将已去除绝缘层和氧化层的线头相对交叠，加辅助线后用直径为 1.6mm 的裸铜线做缠绕线在合并部位中间向两端缠绕，其长度为导线直径的 10 倍，然后将两线芯端头折回，在此向外单独缠绕 5 圈，与辅助线捻绞 2 圈，并将余线剪掉，如图6-16所示。

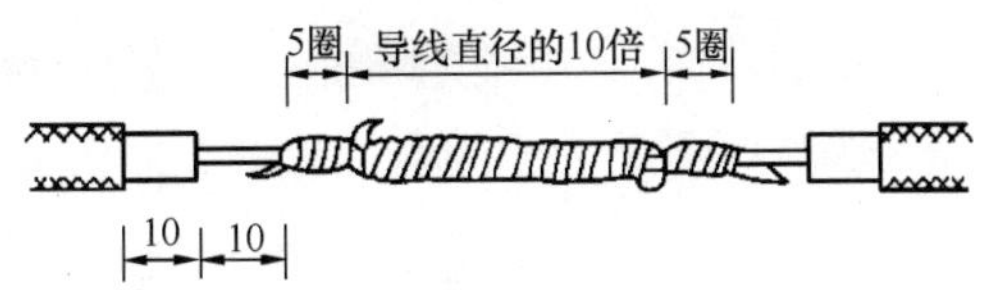

图 6-16　用缠绕法直线连接单股芯线

2）单股铜芯线的“T”形连接

单股芯线“T”形连接时可用绞接法和缠绕法。对于截面较小的单股铜芯线可用绞接法连接，如图 6-17 所示。绞接法是先将除去绝缘层和氧化层的线头与干线剖削处的芯线十字相交，注意在支路芯线根部留出 3～5mm 裸线，接着顺时针方向将支路芯线在干中芯线上紧密缠绕 6～8 圈，剪去多余线头，修整好毛刺。

对于截面较大的单股铜芯线可用缠绕法连接，如图 6-18 所示。其具体方法与单股芯线直连的缠绕法相同。

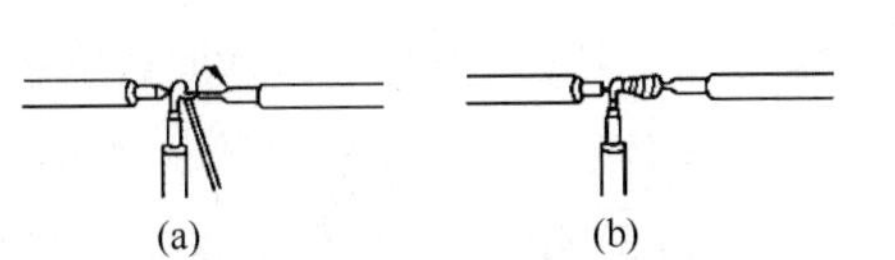

图 6-17　单股芯线“T”形连接

（a）十字相交；（b）紧密缠绕

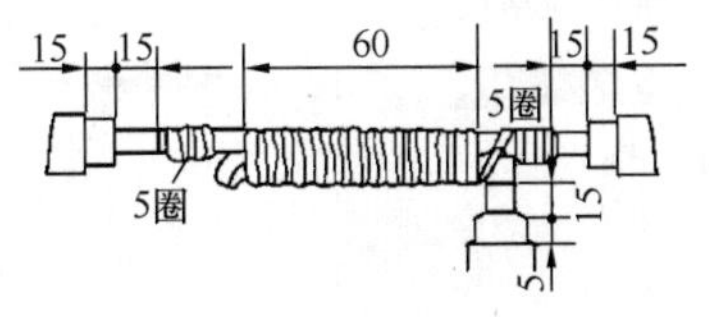

图 6-18　用缠绕法完成单股铜芯线连接

3）七股铜芯线的直接连接

把除去绝缘层和氧化层的芯线线头分成单股散开并拉直，在线头总长（离根部距离的）1/3 处顺着原来的扭转方向将其绞紧，余下的 2/3 长度的线头分散成伞形，如图 6-19（a）所示；将两股伞形线头相对，隔股交叉直至伞形根部相接，然后捏平两边散开的线头，如图 6-19（b）所示；接着 7 股铜芯线按根数 2、2、3 分成三组，先将第一组的两根线芯扳到垂直于线头的方向，如图 6-19（c）所示；按顺时针方向缠绕两圈，再弯下扳成直角使其紧贴芯线，如图 6-19（d）所示。第二组、第三组线头仍按第一组的缠绕办法紧密缠绕在芯线上，如图 6-19（e）所示；为保证电接触良好，如果铜线较粗较硬，可用钢丝钳将其绕紧。缠绕时注意使后一组线头压在前一组线头已折成直角的根部。最后一组线头应在芯线上缠绕三圈，在缠到第三圈时，把前两组多余的线端剪除，使该两组线头断面能被最后一组第三圈缠绕完的线匝遮住。最后一组线头绕到两圈半时，就剪去多余部分，使其刚好能缠满三圈，最后用钢丝钳钳平线头，修理好毛刺，如图 6-19（f）所示。到此完成了任务的一半。后一半的缠绕方法与前一半完全相同。

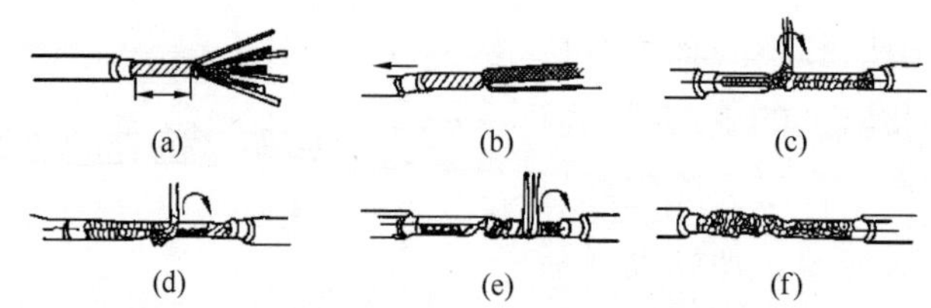

图 6-19　七股铜芯线的直接连接（操作步骤见正文）

4）多股铜芯线的“T”形连接

把除去绝缘层和氧化层的支路线端分散拉直，在距根部 1/8 处将其进一步绞紧，将支路线头按 3 和 4 的根数分成两组并整齐排列。接着用一字形螺丝刀把干线也分成尽可能对等的两组，并在分出的中缝处撬开一定距离，将支路芯线的一组穿过干线的中缝，另一组排于干路芯线的前面，如图 6-20（a）所示；先将前面一组在干线上按顺时针方向缠绕 3～4 圈，剪除多余线头，修整好毛刺，如图 6-20（b）所示；接着将支路芯线穿越干线的一组在干线上按逆时针方向缠绕 3～4 圈，剪去多余线头，修整好毛刺即可，如图 6-20（c）所示。最后一组线头应在芯线上缠绕三圈，在缠到第三圈时，把前两组多余的线端剪除，使

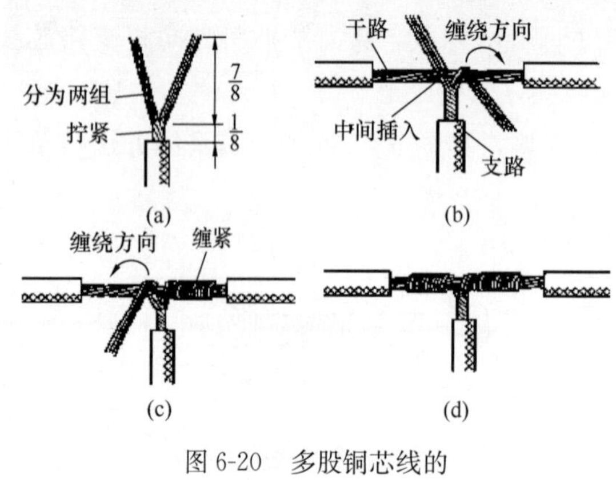

图 6-20　多股铜芯线的“T”形连接（操作步骤见正文）

该两组线头断面能被最后一组第三圈缠绕完的线匝遮住。最后一组线头绕到两圈半时，就剪去多余部分，使其刚好能缠满三圈，最后用钢丝钳钳平线头，修理好毛刺，如图6-20（d）所示。

（2）铝导线线头的连接

铝的表面极易氧化，而且这类氧化铝膜电阻率又高，除小截面铝芯线外，其余铝导线都不采用铜芯线的连接方法。在电气线路施工中，铝线线头的连接常用螺钉压接法、压接管压接法和沟线夹螺钉压接法三种。

1）螺钉压接法

将剖除绝缘层的铝芯线头用钢丝刷或电工刀去除氧化层，涂上中性凡士林后，将线头伸入接头的线孔内，再旋转压线螺钉压接。线路上导线与开关、灯头、熔断器、仪表、瓷接头和端子板的连接，多用螺钉压接，如图6-21所示。单股小截面铜导线在电器和端子板上的连接亦可采用此法。

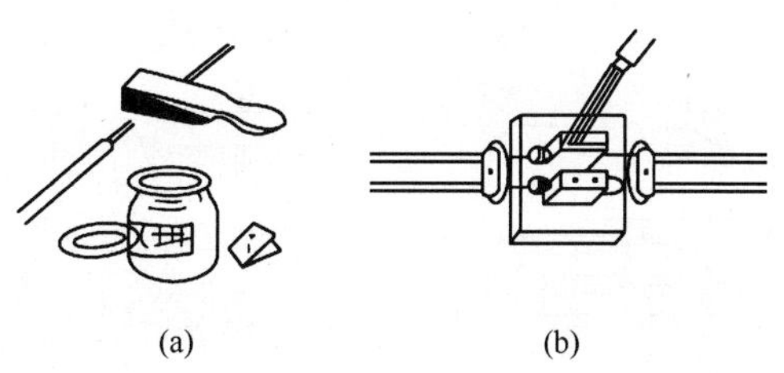

图6-21　螺钉压接法连接

（a）涂中性凡士林；（b）旋转压线螺钉压接

如果有两个（或两个以上）线头要接在一个接线板上时，应事先将这几根线头扭作一股，再进行压接。如果直接扭绞的强度不够，还可在扭绞的线头处用小股导线缠绕后再插入接线孔压接。

2）压接管压接法

压接管压接法，又叫套管压接法，适用于室内外负荷较大的铝芯线头的连接，所用压接钳如图6-22（a）所示。接线前，先选好合适的压接管，如图6-22（b）所示，清除线头表面和压接管内壁上的氧化层及污物，再将两根线头相对插入并穿出压接管，

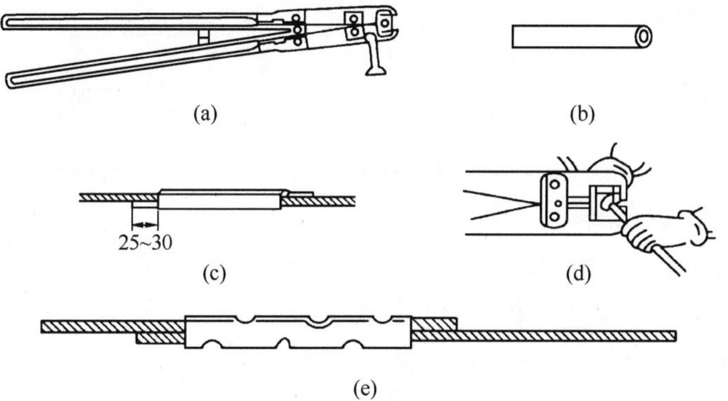

图6-22　压接管压接法

（a）压接钳；（b）压接管；（c）线头穿过的压接管；（d）压接；

（e）完成的铝线接头

使两线端各自伸出压接管 25～30mm，如图 6-22（c）所示；然后用压接钳进行压接，如图 6-22（d）所示；压接完工的铝线接头，如图 6-22（e）所示。如果压接的是钢芯铝绞线，应在两根芯线之间垫上一层铝质垫片。压接钳在压接管上的压坑数目要视情况而定，室内线头通常为 4 个；对于室外铝绞线，截面为 16～35mm^{2}的压坑数目为 6 个，50～70mm^{2}的为 10 个；对于钢芯铝绞线，16mm^{2}的为 12 个，25～35mm^{2}的为 14 个，50～70mm^{2}的为 16 个，95mm^{2}的为 20 个，120～150mm^{2}的为 24 个。

3）沟线类螺钉压接法

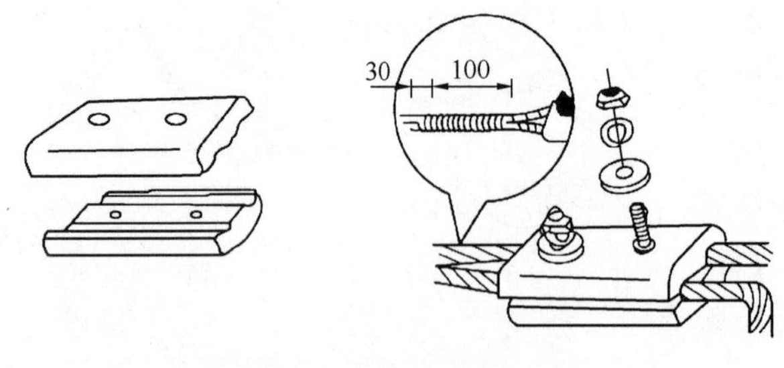

图 6-23　沟线夹螺钉压接法

此法适用于室内外截面较大的架空线路的直线和分支连接。连接前先用钢丝刷除去导线线头和沟线夹线槽内壁上的氧化层及污物，并涂上中性凡士林，然后将导线卡入线槽，旋紧螺钉，使沟线夹紧线头而完成连接，如图 6-23 所示。为预防螺钉松动，压接螺钉上必须套以弹簧垫圈。

沟线夹的规格和使用数量与导线截面有关。通常，导线截面在 70mm^{2}以下的用一副小型沟线夹；截面在 70mm^{2}以上的，用两副较大的沟线夹，两副沟线夹之间相距 300～400mm。

（3）线头与接线柱的连接

1）线头与针孔接线柱的连接

端子板、某些熔断器、电工仪表等的接线部位多是利用针孔附有压接螺钉压住线头完成连接的。线路容量小，可用一只螺钉压接；若线路容量较大，或接头要求较高时，应用两只螺钉压接。

单股芯线与接线柱连接时，最好按要求的长度将线头折成双股并排插入针孔，使压接螺钉顶紧双股芯线的中间。如果线头较粗，双股插不进针孔，也可直接用单股，但芯线在插入针孔前，应稍微朝着针孔上方弯曲，以防压紧螺钉稍松时线头脱出，如图 6-24 所示。

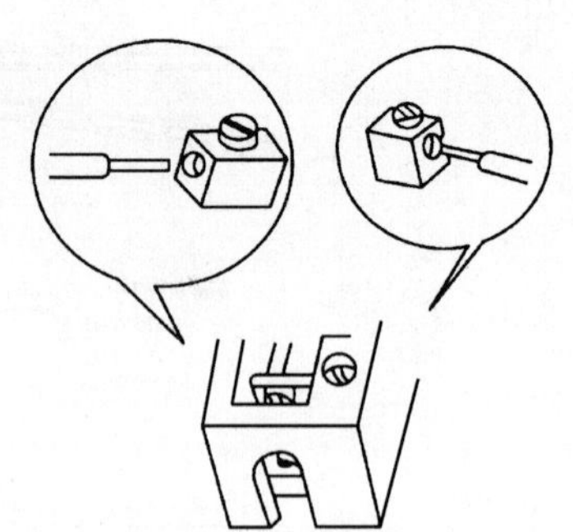

图 6-24　单股芯线与针孔接线柱连接

在针孔接线柱上连接多股芯线时，先用钢丝钳将多股芯线进一步绞紧，以保证压接螺钉顶压时不致松散。注意针孔和线头的大小应尽可能配合，如图 6-25（a）所示。如果针孔过大，可选一根直径大小相宜的铝导线作绑扎线，在已绞紧的线头上紧密缠绕一层，使线头大小与针孔合适后再进行压接，如图 6-25（b）所示。如线头过大，插不进针孔时，可将线头散开，适量减去中间几股，通常 7 股可剪去 1～2 股，19 股可剪去 1～7 股，然后将线头绞紧，进行压接，如图 6-25（c）所示。

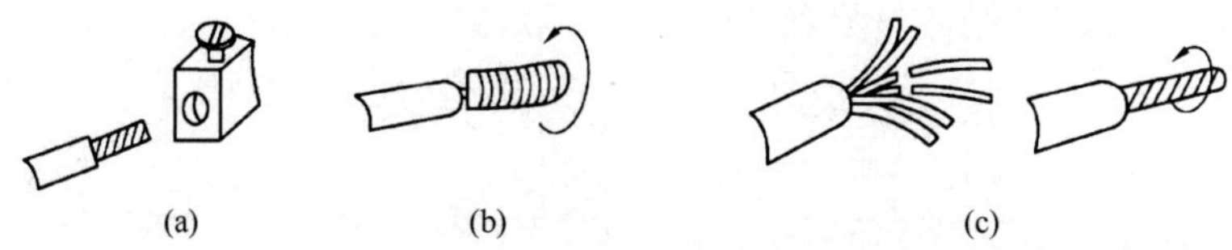

图 6-25 多股芯线与针孔接线柱连接

（a）针孔合适的连接；（b）针孔过大时线头的处理；（c）针孔过小时线头的处理

无论是单股或多股芯线的线头，在插入针孔时，一是注意插到底，二是不得使绝缘层进入针孔，针孔外的裸线头的长度不得超过 3mm。

2）线头与平压式接线柱的连接

平压式接线柱是利用半圆头、圆柱头或六角头螺钉加垫圈将线头压紧，完成电气连接。如图 6-26 所示，对载流量小的单股芯线，先将线头弯成接线圈，再用螺钉压接。对于横截面不超过 $10mm^2$、股数为 7 股及以下的多股芯线，应按图 6-27 所示的步骤制作压接圈。对于载流量较大、横截面积超过 $10mm^2$、股数多于 7 股的导线端头，应安装接线耳。

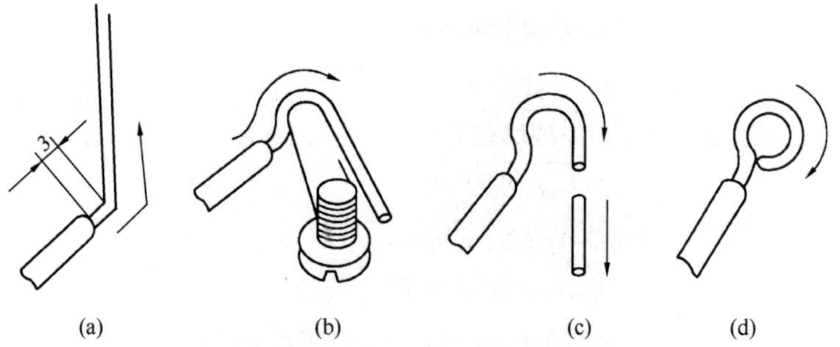

图 6-26 单股芯线压接圈的弯法

（a）离绝缘层根部的 3mm 处向外侧折角；（b）按略大于螺钉直径弯曲圆弧；

（c）剪去芯线余端；（d）修正圆圈

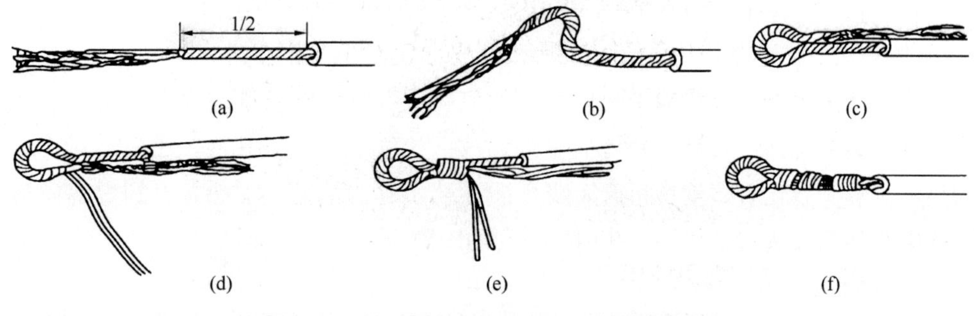

图 6-27 多股导线压接圈弯法（步骤说明略）

连接这类线头的工艺要求是：压接圈的弯曲方向应与螺钉拧紧方向一致，连接前应清除压接圈、接线耳和垫圈上的氧化层及污物，再将压接圈套在垫圈下面，用适当的力矩将螺钉拧紧，以保证良好的电接触。压接时，注意不得将导线绝缘层压入垫圈内。

软线线头的连接也可用平压式接线柱。导线线头与压接螺钉之间的绕结方法如图6-28 所示，其要求与上述多芯线的压接相同。

3）线头与瓦形接线柱的连接

瓦形接线柱的垫圈为瓦形。如果在接线柱上有一个线头连接，压接时为了不致使线头从瓦形接线柱内滑出，压接前应先将去除氧化层和污物的线头弯曲成“U”形，如图 6-29（a）所示，再卡入瓦形接线柱压接。如果在接线柱上有两个线头连接，应将弯成“U”形的两个线头相重合，再卡入接线柱瓦形垫圈下方压紧，如图 6-29（b）所示。

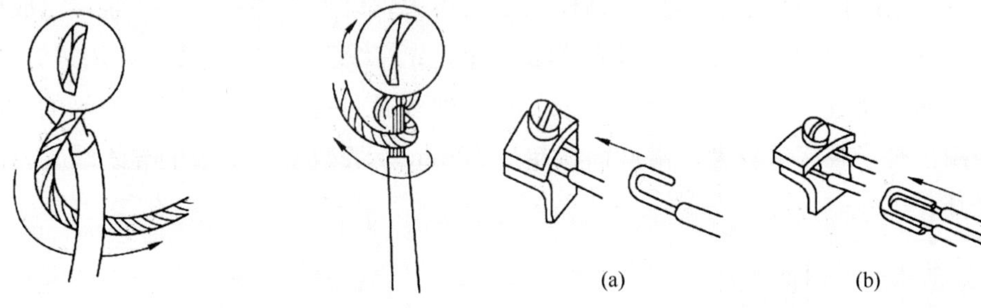

图 6-28　软导线线头连接

图 6-29　单股芯线与瓦形接线柱的连接
（a）一个线头的连接；（b）两个线头的连接

3. 导线的封端

为保证导线线头与电气设备的电接触和其机械性能，除 10mm² 以下的单股铜芯线、2.5mm² 及以下的多股铜芯线和单股铝芯线能直接与电气设备连接外，大于上述规格的多股或单股芯，通常都应在线头上焊接或压接接线端子，这种工艺过程叫作导线的封端。但在工艺上，铜导线和铝导线的封端是不完全相同的。

（1）铜导线的封端

铜导线封端方法常用锡焊法或压接法。

1）锡焊法

先除去线头表面和接线端子孔内表面的氧化层和污物，分别在焊接面上涂上无酸焊锡膏，线头上先搪一层锡，并将适量焊锡放入接线端子的线孔内，用喷灯对接线端子加热，待焊锡熔化时，趁热将搪锡线头插入端子孔内，继续加热，直到焊锡渗透到芯线缝中并灌满线头与接线端子孔内壁之间的间隙，方可停止加热。

2）压接法

把表面清洁且已加工好的线头直接插入内表面已清洁的接线端子线孔，然后按本节前面所介绍的压接管压接法的工艺要求，用压接钳对线头和接线端子进行压接。

（2）铝导线的封端

由于铝导线表面极易氧化，用锡焊法比较困难，通常用接线耳压接封端。压接前除了清除线头表面及接线端子线孔内表面的氧化层及污物外，还应分别在两者接触面涂以中性凡士林，再将线头插入线孔，用压接钳压接。已压接完工的铝导线端子如图 6-30 所示。

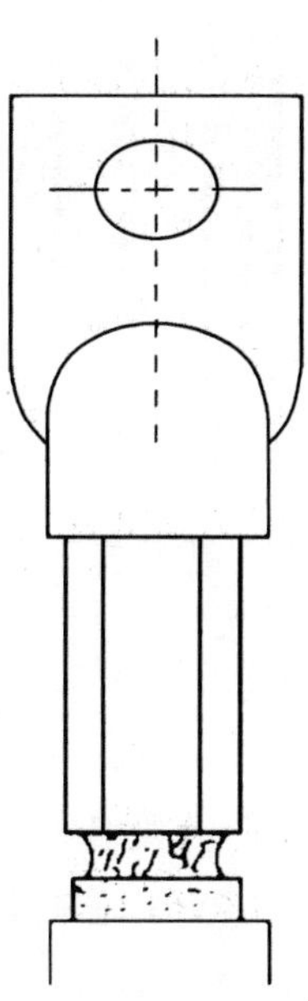

图 6-30　压接完工的铝导线端子

4. 线头绝缘层的恢复

在线头连接完工后，导线连接前所破坏的绝缘层必须恢复，且恢复后的绝缘强度一般不应低于剖削前的绝缘强度，方能保证用电安全。电力线上恢复线头绝缘层常用黄蜡带、涤纶薄膜带和黑胶带（黑胶布）三种材料。绝缘带宽度选 20mm 比较适宜。包缠时，先将黄蜡带从线头的一边在完整绝缘层上离切口 40mm 处开始包缠，使黄蜡带与导线保持 55°的倾斜角，后一圈压叠在前一圈 1/2 的宽度上，常称为半叠包，如图 6-31（a）、图 6-31（b）所示。黄蜡带包缠完以后将黑胶带接在黄蜡带尾端，朝相反方向斜叠包缠，仍倾斜 55°，后一圈仍压叠前一圈 1/2，如图 6-31（c）、图 6-31（d）所示。

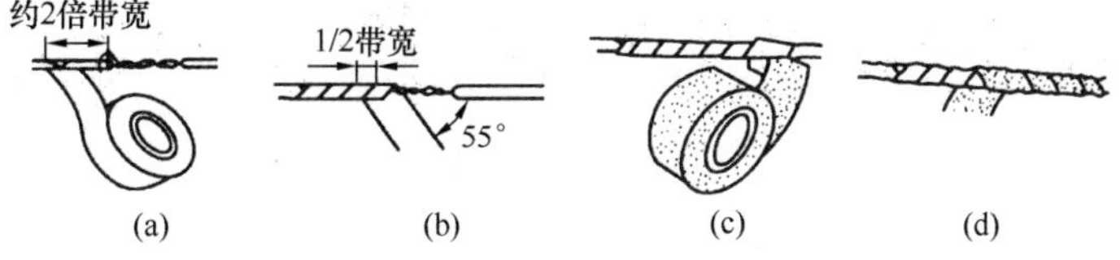

图 6-31　绝缘带的包缠（操作步骤见正文）

在 380V 的线路上恢复绝缘层时，先包缠 1～2 层黄蜡带，再包缠一层黑胶带。在 220V 线路上恢复绝缘层，可先包一层黄蜡带，再包一层黑胶带。或不包黄蜡带，只包两层黑胶带。

5. 铜线和铝线的连接方法

铜、铝导线必须采取过渡连接，单股小截面铜、铝导线连接，应将铜线搪锡后再与铝线连接；多股大截面铜、铝导线连接时，应采用铜铝过渡连接管或铜铝过渡线夹，如图 6-32 所示；若铝导线与开关的铜接线端连接时，则应采用铜铝过渡端子，如图6-33所示。

铜线和铝线连接的注意事项：在干燥的室内，铜导体应搪锡，室外或空气相对湿度接近 100%的室内，应采用铜铝过渡板，铜端应搪锡；铜电缆与铝电缆连接时可采用铜铝连接管，铜电缆和铝导线连接时可采用铜铝端子，铜端应搪锡，如图 6-34 所示。

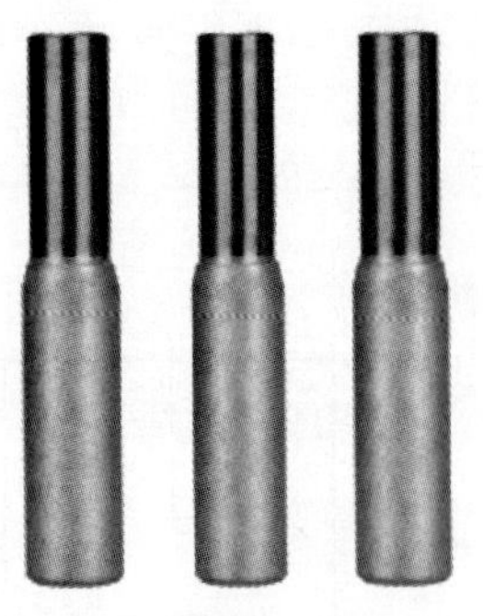

图 6-32　铜铝过渡连接管

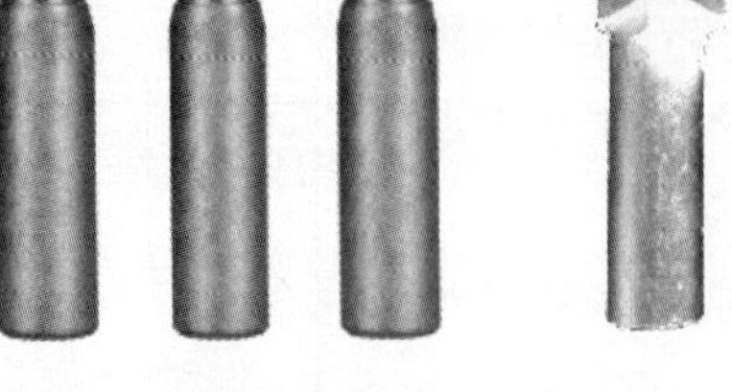

图 6-33　铜铝过渡端子

图 6-34　铜铝接线搪锡

6.3.10　建筑施工现场电缆选择实例

某施工现场为一框架工程，建筑面积为 14400m^2，主体施工所用用电设备见表 6-12。各种用电设备的分布情况和相对位置，见施工现场供电总平面图（图 6-35）。施工现场所用电缆均采用直埋式做法。其中，建设单位供电室到施工现场总配电箱的距离为 L＝120m；总配电箱到 1 号分配电箱的距离 L_1＝70m；总配电箱到 2 号分配电箱的距离 L_2＝85m；总配电箱到 3 号分配电箱的距离 L_3＝96m；总配电箱到 4 号分配电箱的距离 L_4＝120m。

1. 施工现场供电总平面图

如图 6-35 所示。

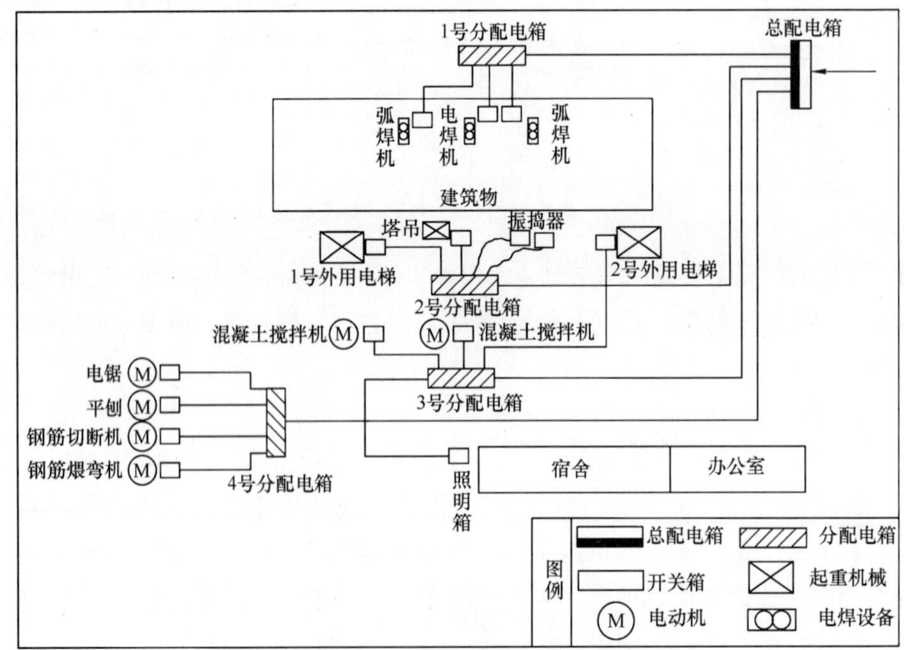

图 6-35　施工现场供电总平面图

2. 施工现场使用设备及参数

见表 6-12。

某施工现场用电设备及参数表　　表 6-12

编号	用电设备名称	型号	铭牌技术数据
1	塔式起重机	QTZ80	56.4kW，380V，JC=15%
2	1 号施工升降机	SC100	22kW，380V
3	2 号施工升降机	SC200/200	66kW，380V
4	1 号混凝土搅拌机	JZC350	5.5kW，380V，$\cos\phi$=0.82，η=0.80
5	2 号混凝土搅拌机	JS500	18.5kW，380V，$\cos\phi$=0.82，η=0.80
6	电焊机	BX1-630	32kV·A，380V，JC=65%，$\cos\phi$=0.85
7	弧焊机	BX3-630	50.5kV·A，380V，JC=60%，$\cos\phi$=0.85
8	弧焊机	BX3-630	50.5kV·A，380V，JC=60%，$\cos\phi$=0.85
9	电锯	JO-42-2	2.8kW，380V，$\cos\phi$=0.88，η=0.85
10	平刨	JO-42-2	2.8kW，380V，$\cos\phi$=0.88，η=0.85
11	钢筋切断机	JO2-223-4	3kW，380V，$\cos\phi$=0.83，η=0.84
12	钢筋煨弯机	Y112-4	4kW，380V，$\cos\phi$=0.7
13	振捣器	JO2-221-1	1.5kW，$\cos\phi$=0.85，η=0.85
14	振捣器	JO2-221-2	1.5kW，$\cos\phi$=0.85，η=0.85
15	照明		白炽灯、碘钨灯共 3.6kW， 日光灯、高压汞灯共 2.8kW

3. 设备容量的计算

(1) 设备容量计算的原则

假定施工现场的所有设备为同一类用电设备组，现场提供的总需用系数为 K_x=0.47，综合功率因数为 $\cos\phi$=0.6。每台用电设备的铭牌额定功率和容量分别用 P'_e和 S'_e表示，经换算后的设备容量用 P_e表示。设备容量的计算适用于以下原则：

1) 长期工作制电动机的设备容量 P_e等于其铭牌额定功率，即 $P_e=P'_e$。

2) 反复短时工作制电动机的设备容量 P_e应统一换算到暂载率 JC=25%（或用 JC_{25}表示）时的额定功率，即按以下公式计算：

$$P_e=P'_e\sqrt{\frac{JC}{JC_{25}}}=2P'_e\sqrt{JC} \tag{6-5}$$

3) 电焊机及电焊装置的设备容量 P_e是指统一换算到暂载率 JC=100%（或用 JC_{100}表示）时的额定功率。一般交流电焊机铭牌给出的功率为额定视在功率 S'_e（kV·A），同时给出 S'_e时的功率因数 $\cos\phi$；若铭牌给出的额定暂载率为 JC（%），则对于交流电焊机来说，其设备容量可以下公式计算：

$$P_e = S'_e\sqrt{\frac{JC}{JC_{100}}}\times\cos\phi = S'_e\sqrt{JC}\times\cos\phi \tag{6-6}$$

(2) 设备容量计算

1) 长期工作制电动机设备的容量

施工升降机、混凝土搅拌机等长期工作制电动机的设备容量 P_e 等于其铭牌额定功率。具体容量见表6-13。

长期工作制电动机的设备容量 **表6-13**

编号	用电设备名称	铭牌技术数据	换算后设备容量 P_e/kW
1	1号施工升降机	22kW, 380V	22.0
2	2号施工升降机	66kW, 380V	66.0
3	1号混凝土搅拌机	5.5kW, 380V, $\cos\phi=0.82$, $\eta=0.80$	5.5
4	2号混凝土搅拌机	18.5kW, 380V, $\cos\phi=0.82$, $\eta=0.80$	18.5
5	电锯	2.8kW, 380V, $\cos\phi=0.88$, $\eta=0.85$	2.8
6	平刨	2.8kW, 380V, $\cos\phi=0.88$, $\eta=0.85$	2.8
7	钢筋切断机	3kW, 380V, $\cos\phi=0.83$, $\eta=0.84$	3.0
8	钢筋煨弯机	4kW, 380V, $\cos\phi=0.7$	4.0
9	振捣器	1.5kW, $\cos\phi=0.85$, $\eta=0.85$	1.5
10	振捣器	1.5kW, $\cos\phi=0.85$, $\eta=0.85$	1.5
11	照明	白炽灯、碘钨灯共3.6kW	3.6
		日光灯、高压汞灯共2.8kW	2.8
	合计		134

2) 塔机的设备容量

根据公式 (6-5) 得知，换算后塔吊的设备容量

$$P_{e1}=2P'_e\sqrt{JC}=2\times56.4\times\sqrt{0.15}=43.7(\text{kW})$$

3) 电焊机的设备容量

根据公式 (6-6) 得知，换算后电焊机的设备容量

$$P_{e6}=S'_e\sqrt{JC}\times\cos\phi=32\times\sqrt{0.65}\times0.85=22(\text{kW})$$

4) 弧焊机的设备容量

根据公式 (6-6) 得知，换算后弧焊机的设备容量

$$P_{e7}=P_{e8}=S'_e\sqrt{JC}\times\cos\phi=50.5\times\sqrt{0.60}\times0.85=33.2(\text{kW})$$

(3) 所有用电设备的总设备容量及计算负荷：

$$\Sigma P_e=134+43.7+22+33.2\times2=266.1(\text{kW})$$

根据确定的需用系数 $K_x=0.47$，综合功率因数为 $\cos\phi=0.6$，$\tan\phi=1.33$，求得施工现场的总计算负荷为

$$P_j=K_x\times\Sigma P_e=0.47\times266.1=125.07(\text{kW})$$

$$Q_j=P_j\times\tan\phi=125.07\times1.33=166.34(\text{kvar})$$

$$S_j = \sqrt{P_j^2 + Q_j^2} = \sqrt{125.07^2 + 166.34^2} = 208.11(\text{kV} \cdot \text{A})$$

$$I_j = \frac{S_j}{\sqrt{3}U_e} = \frac{208.11}{0.38 \times \sqrt{3}} = 316.28(\text{A})$$

1）总配电箱至第 1 分配电箱的计算负荷（简称$\Sigma_{总\text{-}1}$的计算负荷）：

取 $\cos\phi = 0.85$，$\tan\phi = 0.62$

$$P_{j1} = 22 + 33.2 + 33.2 = 88.4(\text{kW})$$

$$Q_{j1} = P_{j1} \times \tan\phi = 88.4 \times 0.62 = 54.81(\text{kvar})$$

$$S_{j1} = \sqrt{P_{j1}^2 + Q_{j1}^2} = \sqrt{88.4^2 + 54.81^2} = 104.01(\text{kV} \cdot \text{A})$$

$$I_{j1} = \frac{S_{j1}}{\sqrt{3}U_e} = \frac{104.01}{0.38 \times \sqrt{3}} = 158.02(\text{A})$$

2）总配电箱至第 2 分配电箱的计算负荷（简称$\Sigma_{总\text{-}2}$的计算负荷）：

取 $\cos\phi = 0.65$，$\tan\phi = 1.17$

$$P_{j2} = 43.7 + 22 + 1.5 + 1.5 = 68.7(\text{kW})$$

$$Q_{j2} = P_{j2} \times \tan\phi = 68.7 \times 1.17 = 80.38(\text{kvar})$$

$$S_{j2} = \sqrt{P_{j2}^2 + Q_{j2}^2} = \sqrt{68.7^2 + 80.38^2} = 105.74(\text{kV} \cdot \text{A})$$

$$I_{j2} = \frac{S_{j2}}{\sqrt{3}U_e} = \frac{105.74}{0.38 \times \sqrt{3}} = 160.7(\text{A})$$

3）总配电箱至第 3 分配电箱的计算负荷（简称$\Sigma_{总\text{-}3}$的计算负荷）：

取 $\cos\phi = 0.8$，$\tan\phi = 0.75$

$$P_{j3} = 66 + 5.5 + 18.5 + 3.6 + 2.8 = 96.4(\text{kW})$$

$$Q_{j3} = P_{j3} \times \tan\phi = 96.4 \times 0.75 = 72.3(\text{kvar})$$

$$S_{j3} = \sqrt{P_{j3}^2 + Q_{j3}^2} = \sqrt{96.4^2 + 72.3^2} = 120.5(\text{kV} \cdot \text{A})$$

$$I_{j3} = \frac{S_{j3}}{\sqrt{3}U_e} = \frac{120.5}{0.38 \times \sqrt{3}} = 183.07(\text{A})$$

4）总配电箱至第 4 分配电箱的计算负荷（简称$\Sigma_{总\text{-}4}$的计算负荷）：

取 $\cos\phi = 0.65$，$\tan\phi = 1.17$

$$P_{j4} = 2.8 + 2.8 + 3 + 4 = 12.6(\text{kW})$$

$$Q_{j4} = P_{j4} \times \tan\phi = 12.6 \times 1.17 = 14.74(\text{kvar})$$

$$S_{j4} = \sqrt{P_{j4}^2 + Q_{j4}^2} = \sqrt{12.6^2 + 14.74^2} = 19.39(\text{kV} \cdot \text{A})$$

$$I_{j4} = \frac{S_{j4}}{\sqrt{3}U_e} = \frac{19.39}{0.38 \times \sqrt{3}} = 29.47(\text{A})$$

4. 电缆截面的选择

本施工现场进户线和总配电箱至各分配电箱的导线均采用能承受较大外力和耐气候的橡套电缆。

(1) 进户电缆的选择

1) 按允许温升初选导线截面

根据 $I_j=316.28A$，查表 6-5，可初步选用 XV_{29}-3×150mm²+2×95mm² 电缆（$I=326A$）。

2) 按电压偏移校验导线截面

根据初步选用电缆，查表 6-8 可知，电缆的电阻 $R_0=0.123\Omega/km$，电抗 $X_0=0.238\Omega/km$。

已知：$L=120m=0.12km$，$P_j=125.07kW$，$Q_j=166.34kvar$，根据式（6-3），有

$$\begin{aligned}\Delta U\% &= \frac{R_0}{10U_e^2}\sum_{i=1}^{n}P_iL_i+\frac{x_0}{10U_e^2}\sum_{i=1}^{n}Q_iL_i\\ &= \frac{0.123}{10\times 0.38^2}\times 125.07\times 0.12\times\frac{0.238}{10\times 0.38^2}\times 166.34\times 0.12\\ &= 3.55<\Delta U_y\%=5\end{aligned}$$

因此，可选定 XV_{29}-3×150mm²+2×95mm² 电缆。

(2) $\sum_{总-1}$段电缆的选择

1) 按允许温升初选导线截面

根据 $I_{j1}=158.02A$，查表 6-5 可初步选用 XV_{29}-3×50mm²+2×25mm² 电缆（$I=178A$）。

2) 按电压偏移校验导线截面

根据初步选用电缆，查表 6-8 可知，电缆的电阻 $R_0=0.3\Omega/km$，电抗 $X_0=0.267\Omega/km$。

已知：$L_1=70m=0.07km$，$P_{j1}=88.4kW$，$Q_{j1}=54.81kvar$，由式（6-3）知

$$\begin{aligned}\Delta U_1\% &= \frac{R_0}{10U_e^2}\sum_{i=1}^{n}P_iL_i+\frac{X_0}{10U_e^2}\sum_{i=1}^{n}Q_iL_i\\ &= \frac{0.3}{10\times 0.38^2}\times 88.4\times 0.07+\frac{0.267}{10\times 0.38^2}\times 54.81\times 0.07\\ &= 2<U_y\%=5\end{aligned}$$

因此，可选定 XV_{29}-3×50mm²+2×25mm² 电缆。

(3) $\sum_{总-2}$段电缆的选择

1) 按允许温升初选导线截面

根据 $I_{j2}=160.7A$，查表 6-5，可初步选用 XV_{29}-3×50mm²+2×25mm² 电缆（$I=178A$）。

2) 按电压偏移校验导线截面

根据初步选用电缆，查表 6-8 可知，电缆的电阻 $R_0=0.3\Omega/km$，电抗 $X_0=0.267\Omega/km$。

已知：L_2=85m=0.085km，P_{j2}=68.7kW，Q_{j2}=80.38kvar，由式（6-3）知

$$\Delta U_2\% = \frac{R_0}{10U_e^2}\sum_{i=1}^{n}P_iL_i + \frac{X_0}{10U_e^2}\sum_{i=1}^{n}Q_iL_i$$
$$= \frac{0.3}{10\times 0.38^2}\times 68.7\times 0.085 + \frac{0.267}{10\times 0.38^2}\times 80.38\times 0.085$$
$$= 2.48 < \Delta U_y\% = 5$$

因此，可选定 XV_{29}-3×50mm^2+2×25mm^{2}电缆。

（4）$\sum_{总-3}$段电缆的选择

1）按允许温升初选导线截面

根据 I_{j3}=183.13A，查表 6-5，可初步选用 XV_{29}-3×70mm^2+2×35mm^{2}电缆（I=213A）。

2）按电压偏移校验导线截面

根据初步选用电缆，查表 6-8 可知，电缆的电阻 R_0=0.28Ω/km，电抗 X_0=0.258Ω/km。

已知：L_3=96m=0.096km，P_{j3}=96.4kW，Q_{j3}=72.3kvar，由式（6-3）知

$$\Delta U_3\% = \frac{R_0}{10U_e^2}\sum_{i=1}^{n}P_iL_i + \frac{x_0}{10U_e^2}\sum_{i=1}^{n}Q_iL_i$$
$$= \frac{0.28}{10\times 0.38^2}\times 96.4\times 0.096 + \frac{0.258}{10\times 0.38^2}\times 72.3\times 0.096$$
$$= 3.03 < \Delta U_y\% = 5$$

因此，可选定 XV_{29}-3×70mm^2+2×35mm^{2}电缆。

（5）$\sum_{总-4}$段电缆的选择

1）按允许温升初选导线截面

根据 I_{j4}=29.47A，查表 6-5，可初步选用 XV_{29}-3×4mm^2+2×2.5mm^{2}电缆（I=41A）。

2）按电压偏移校验导线截面

根据初步选用电缆，查表 6-8 可知，电缆的电阻 R_0=1.2Ω/km，电抗 X_0=0.295Ω/km。

已知：L_4=120m=0.12km，P_{j4}=12.6kW，Q_{j4}=14.74kvar，由式（6-3）知

$$\Delta U_4\% = \frac{R_0}{10U_e^2}\sum_{i=1}^{n}P_iL_i + \frac{x_0}{10U_e^2}\sum_{i=1}^{n}Q_iL_i$$
$$= \frac{1.2}{10\times 0.38^2}\times 12.6\times 0.12 + \frac{0.295}{10\times 0.38^2}\times 14.74\times 0.12$$
$$= 1.6 < \Delta U_y\% = 5$$

因此，可选定 XV_{29}-3×4mm^2+2×2.5mm^2电缆。

（6）分配电箱至对应的各开关箱的支线负荷线选择计算同上（略）。

另外，在建筑工地临时供电组织设计中，也经常采用单位负荷法计算总用电量和选用电缆电线。

1）总用电量可按以下公式计算：

$$P = 1.05 \sim 1.10\left(K_1 \frac{\Sigma P_1}{\cos\varphi} + K_2 \Sigma P_2 + K_3 \Sigma P_3 + K_4 \Sigma P_4\right) \tag{6-7}$$

式中 P——供电设备总需要容量，kV·A；

P_1——电动机额定功率，kW；

P_2——电焊机额定容量，kV·A；

P_3——室内照明容量，kW；

P_4——室外照明容量，kW；

$\cos\varphi$——电动机的平均功率因数（在施工现场最高为0.75～0.78，一般为0.65～0.75）；

K_1，K_2，K_3，K_4——需要系数，参照表6-14取值。

需要系数（*K*值） **表6-14**

用电名称	数量	需要系数		备注
		K	数值	
电动机	3～10台	1	0.7	如施工中需要电热时，应将其用电量计算进去。为使计算结果接近实际，式中各项动力和照明用电，应根据不同工作性质分类计算
	11～30台		0.6	
	30台以上		0.5	
加工厂动力设备			0.5	
电焊机	3～10台	2	0.6	
	10台以上		0.5	
室内照明		3	0.8	
室外照明		4	1.0	

由于照明用电量所占的比重较动力用电量要小得多，所以在估算总用电量时可以简化，只要在动力用电量之外再加10%作为照明用电量即可。

2）配电导线的选择

同样，导线截面的选择要满足机械强度、引起的温升和允许电压降三个方面。

① 按机械强度选择：导线必须保证不致因一般机械损伤折断。

② 按允许电流选择：导线必须能承受负载电流长时间通过所引起的温升。

三相四线制线路上的电流可按下式计算：

$$I_{线} = \frac{KP}{\sqrt{3}U_{线}\cos\varphi} \tag{6-8}$$

二相制线路上的电流可按下式计算：

$$I_{线} = \frac{P}{U_{线} \cos\varphi} \tag{6-9}$$

式中 $I_{线}$——电流值，A；

K，P——同式（6-7）；

$U_{线}$——电压，V；

$\cos\varphi$——功率因数，临时网路取 0.7～0.75。

③ 按允许电压降选择：导线上引起的电压降必须在一定限度之内。配电导线的截面可用下式计算：

$$S = \frac{\Sigma PL}{CU_{y}}\% = \frac{\Sigma M}{CU_{y}}\% \tag{6-10}$$

式中 S——导线截面，mm^2；

M——负荷矩，kW・m；

P——负载的电功率或线路输送的电功率，kW；

L——送电线路的距离，m；

U_{y}——允许的相对电压降（即线路电压损失），%，照明允许电压降为 2.5%～5%，电动机电压不超过±5%；

C——系数，视导线材料、线路电压及配电方式而定。

6.4 施工现场的配电装置

施工现场的配电装置是指施工现场用电工程配电系统中设置的总配电箱（配电柜）、分配电箱和开关箱。

6.4.1 配电装置的箱体结构

这里所谓配电装置的箱体结构，主要是指适合于施工现场用电工程配电系统使用的配电箱、开关箱的箱体结构。

1. 箱体材料

配电箱、开关箱的箱体一般应采用冷轧钢板制作，亦可采用阻燃绝缘板制作，但不得采用木板制作。图 6-36 为 630A 总配电箱箱体图。

采用冷轧钢板制作时，箱体厚度应为 1.2～2.0mm。其中，开关箱箱体钢板厚度应不小于 1.2mm；配电箱箱体钢板厚度应不小于 1.5mm。箱体表面应做防腐处理。

采用阻燃绝缘板，例如环氧树脂纤维木板、电木板等时，其厚度应保证适应户外使用，具有足够的机械强度。

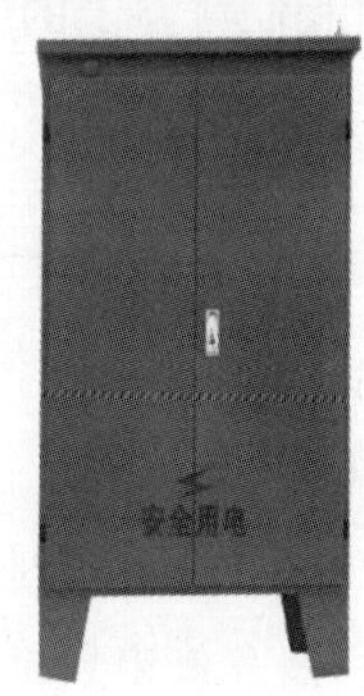

图 6-36　630A 总配电箱箱体图

2. 箱体尺寸和电器安装尺寸

配电箱、开关箱的箱体尺寸应根据箱内电器配置情况和电气安装规程确定，箱体尺寸应当与箱内电器的数量和尺寸相适应。

电器配置情况是指电器的数量、种类和外形尺寸，安装规程是指基于电器的安装、接线、操作、维修安全方便和保证电气安全距离的安装尺寸的规定。具体地说，箱内电器安装板上电器的安装尺寸可按表 6-15 确定。

配电箱、开关箱内电器元件间距表　　**表 6-15**

间距名称	最小净距（mm）
并列电器（含单极熔断器）间	250A 以下：30
	250A 及以上：60
电器进、出线塑胶管孔与电器边沿间	15A 以下：30
	20～30A：50
	60A 及以上：80
上、下排电器进出线塑胶管孔间	25
电器进、出线瓷蕾塑胶管控至板边	20
电器至板边	40

3. 电器安装板

配电箱、开关箱内应配置电器安装板，用以安装所配置的电器和接线端子板等。电器安装板应采用金属或非木质阻燃绝缘电器安装板。配电箱、开关箱内的电器（含插座）应先安装在金属或非木质阻燃绝缘电器安装板上，然后方可整体紧固在配电箱、开关箱箱体内。不得将所配置的电器、接线端子板等直接装设在箱体上。

电器安装板在装设时，应与箱体正常安装位置的后侧面有一定的间隔空隙，用于布置箱的进线和出线。金属电器安装板与金属箱体应做电气连接。

4. N、PE 接线端子板

配电箱、开关箱必须加装 N、PE 接线端子板，进出线中的 N 线通过 N 线端子板连接，PE 线通过 PE 线端子板连接。

（1）N、PE 端子板必须分别设置，固定安装在电器安装板上，并作符号标记，严禁合设在一起。其中，N端子板与金属电器安装板之间必须保持绝缘，PE端子板与金属电器安装板之间必须保持电气连接。

(2) 配电箱、开关箱的金属箱体、金属电器安装板以及电器正常不带电的金属底座、外壳等必须通过PE线端子板与PE线做电气连接，金属箱门与金属箱体必须通过采用编织软铜线做电气连接。

(3) N、PE端子板的接线端子数应与箱的进线和出线的总路数保持一致。

5. 进出线口

(1) 配电箱、开关箱导线的进线口、出线口应设置在箱体的下底面，不得设置在箱体上面、侧面、后面和箱门处。

(2) 进出线口应光滑，以圆口为宜，加绝缘护套。

(3) 导线不得与箱体直接接触。进、出线口应配置固定线卡，将导线成束卡固在箱体上。

(4) 移动式配电箱、开关箱的进、出线应采用橡皮护套绝缘电缆，不得有接头。

(5) 进、出线口数应与进、出线总路数保持一致。

6. 门锁

配电箱、开关箱箱体应设箱门并配锁，以适应户外环境和用电管理要求。

7. 防雨、防尘

配电箱、开关箱的外形结构应具有防雨、防雪、防尘功能，以适应户外环境和用电安全要求。

6.4.2 配电装置的电器选择

1. 总配电箱的电器配置选择原则

总配电箱的电器应具备电源隔离、正常接通与分断电路，以及短路、过载、漏电保护功能。

(1) 当总路设置总漏电保护器时，还应装设总隔离开关、分路隔离开关以及总断路器、分路断路器或总熔断器、分路熔断器。若总漏电保护器是同时具备短路、过载、漏电保护功能的漏电断路器，则可不设总断路器或总熔断器。

(2) 当各分路设置分路漏电保护器时，还应装设总隔离开关、分路隔离开关以及总断路器、分路断路器或总熔断器、分路熔断器。若分路所设漏电保护器是同时具备短路、过载、漏电护功能的漏电断路器，则可不设分路断路器或分路熔断器。

(3) 隔离开关应设置于电源进线端，应采用分断时具有可见分断点并能同时断开电源所有极或彼此靠近的单极隔离电器，不得采用分断时不具有可见分断点的电器。当采用具有可见分断点的断路器时，可兼作隔离开关。

(4) 熔断器应选用具有可靠灭弧分断功能的产品。

(5) 总配电箱应装设电压表、总电流表、电度表及其他需要的仪表。装设电流互感器时，其二次回路必须与保护零线有一个连接点，且严禁断开电路。

2. 分配电箱的电器配置原则

分配电箱的电器配置在采用二级漏电保护的配电系统中，分配电箱中不要求设置漏电保护器。

(1) 总路设置总隔离开关以及总断路器或总熔断器。

(2) 分路设置分路隔离开关以及分路断路器或分路熔断器。

(3) 隔离开关设置于电源进线端，应采用分断时具有可见分断点并能同时断开电源所有极或彼此靠近的单极隔离电器，不得采用分断时不具有可见分断点的电器。当采用分断时具有可见分断点的断路器时，可兼作隔离开关。

3. 开关箱的电器配置原则

(1) 开关箱必须装设隔离开关、断路器或熔断器以及漏电保护器。

(2) 当漏电保护器是同时具有短路、过载、漏电保护功能的漏电断路器时，可不装设断路器或熔断器。

(3) 隔离开关应采用分断时具有可见分断点、能同时断开电源所有极的隔离电器，并应设置于电源进线端。当断路器具有可见分断点时，可不另设隔离开关。

6.4.3 三级配电分级分路规则

施工现场的配电是通过用电工程系统中设置的总配电箱（配电柜）、分配电箱和开关箱来实现的。即三级配电：

电源进线→总配电箱→分配电箱→开关箱→用电设备

（一级箱）　（二级箱）　（三级箱）

如图 6-37 所示，为施工现场三级配电系统结构示意图。

1. 一级总配电箱（配电柜）向二级分配电箱配电可以分路。即：当采用电缆配线时，总配电箱（配电柜）可以分若干分路向若干分配电箱配电；当采用绝缘导线架空配线时，每一架空分路也可支接若干分配电箱。

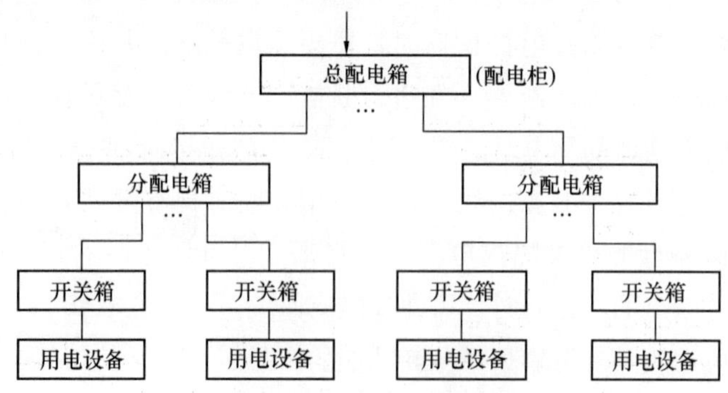

图 6-37　施工现场三级配电系统结构示意图

2. 二级分配电箱向三级开关箱配电同样也可以分路。即从二级分配电箱向三级开关箱配电，当采用电缆配线时，一个分配电箱可以分若干分路向若干开关箱配电。

3. 三级开关箱向用电设备配电实行所谓“一机一闸”制，不存在分路问题。即每一开关箱只能连接控制一台与其相关的用电设备（含插座），包括一组不超过30A负荷的照明器，或每一台用电设备必须有其独立专用的开关箱。

4. 动照分设

（1）动力配电箱与照明配电箱宜分别设置；若动力与照明合置于同一配电箱内共箱配电，则动力与照明应分路配电。

（2）动力开关箱与照明开关箱必须分箱设置，不存在共箱分路设置问题。

5. 压缩配电间距

（1）分配电箱应设在用电设备或负荷相对集中的场所。

（2）分配电箱与开关箱的距离不得超过30m。

（3）开关箱与其供电的固定式用电设备的水平距离不宜超过3m。

6.4.4 配电箱的选择

1. 配电箱内的开关电器必须是合格产品，不论是选用新电器，还是延用旧电器，必须完整、无损、动作可靠、绝缘良好。严禁使用任何破损电器。

2. 配电箱、开关箱内必须设置在任何情况下能够分断、隔离电源的开关电器。手动隔离开关一般用于空载情况下通断电路，接触器等则用于正常负载和故障情况下通断电路。

3. 配电箱内的开关电器应与配电线路一一对应配合，作分路设置，以确保专路专控。总开关电器与分路开关电器的额定值、动作整定值应当相适应，以确保在故障情况下分级动作。

4. 开关箱与用电设备之间实行“一机一闸”制，防止“一闸多机”带来意外伤害事故。开关箱的开关电器的额定值应与用电设备额定容量相适应。

5. 总配电箱、开关箱内设置的漏电保护器，其额定漏电动作电流和额定漏电动作时间应安全可靠，并具有合理的分级配合。

6. 手动开关电器只可用于直接控制小容量（3.0kW以下）动力电路和照明电路。大容量的动力电路，尤其是电动机电路，由于手动开关通断速度慢，容易产生较强电弧，灼伤人或电器，故应采用自动开关或接触器等进行控制。

7. 总配电箱和开关箱中漏电保护器的极数和线数必须与其负荷侧负荷的相数和线数一致。

8. 总配电箱、开关箱中的漏电保护器宜选用无辅助电源型（电磁式）产品，或选用辅助电源故障时能自动断开的辅助电源型（电子式）产品。当选用辅助电源故障时不能自动断开的辅助电源型（电子式）产品时，应同时设置缺相保护。

9. 漏电保护器应装设在总配电箱、开关箱靠近负荷的一侧，且不得用于启动电气设备的操作。

6.4.5 配电箱的电器选择

1. 总配电箱的电器选择

内设 400～630A 具有隔离功能的 DZ20 型透明塑壳断路器作为主开关，分 4～8 路设置具有隔离功能的 DZ20 系列 160～250A 透明塑壳断路器，配备 DZ20L（DZ15L）透明漏电开关或 LBM-1 系列作为漏电保护装置，使之具有欠压、过载、短路、漏电、断相保护功能，同时配备电度表、电压表、电流表、两组电流互感器。漏电保护装置的额定漏电动作电流与额定漏电动作时间的乘积不大于 30mA・s。最好选用额定漏电动作电流 75～150mA，额定漏电动作时间大于 0.1s 小于等于 0.2s，其动作时间为延时动作型。

2. 分配电箱的电器选择

内设 200～250A 具有隔离功能的 DZ20 系列透明塑壳断路器作为主开关（与总配电箱分路设置断路器相适应）；采用 DZ20 或 KDM-1 型透明塑壳断路器作为动力分路、照明分路控制开关；各配电回路采用 DZ20 或 KDM-1 透明塑壳断路器作为控制开关；PE 线连线螺栓、N 线接线螺栓根据实际需要配置。

3. 开关箱的电器选择

（1）大型设备动力用开关箱选择

内设 KDM1 或 DZ20（160A 以上 380V）系列透明塑壳断路器作为控制开关，配置 DZ20L 系列透明漏电断路器或 LBM-1 系列漏电断路器；PE 线端子排为 3 个接线螺栓。

（2）小型设备用电开关箱

3.0kW 以上用电设备开关箱内设 DZ20（20～40A、380V）或 SE，KDMI 系列透明塑壳断路器作为控制开关，配置 DZ15LE（20～40A）或 LBM1 系列透明漏电断路器，PE 线端子排为 4 个接线螺栓。

5.5kW 以上用电设备开关箱根据所控制设备额定容量选择控制开关及漏电断路器。控制开关为 DZ20（SE 或 KDM1）系列透明塑壳断路器，漏电断路器为 DZ15L 系列透明系列漏电断路器；PE 线接线螺栓为 3 个。

照明开关箱内设 KDM1-T/2（20～40A）断路器，配置 DZ15L-20-40/290 漏电断路器，PE 线螺栓为 3 个。

6.4.6 配电装置的使用与维护

1. 配电装置的使用

（1）各级配电装置的箱（柜）门处均应有名称、用途、分路标记及内部电气系统接线图。

(2) 各级配电装置均应配锁，并由专人负责开启和关闭上锁。

(3) 电工和用电人员工作时，必须按规定穿戴绝缘防护用品，使用绝缘工具。

(4) 配电装置送电和停电时，必须严格遵循下列操作顺序：

送电操作顺序为：总配电箱（配电柜）→分配电箱→开关箱。

停电操作顺序为：开关箱→分配电箱→总配电箱（配电柜）。

(5) 如遇发生人员触电或电气火灾的紧急情况，允许就近迅速切断电源。

(6) 施工现场下班停止工作时，必须将班后不用的配电装置分闸断电并上锁。班中停止作业 1h 及以上时，相关动力开关箱应断电上锁。暂时不用的配电装置也应断电上锁。

(7) 配电装置必须按其正常工作位置安装牢固、稳定、端正。固定式配电箱、开关箱的中心点与地面的垂直距离应为 1.4～1.6m，立式配电箱支脚不低于 120mm；移动式配电箱、开关箱的中心点与地面的垂直距离宜为 0.8～1.6m。

(8) 配电箱、开关箱内的电气配置和接线严禁随意改动，并不得随意挂接其他用电设备。配电箱、开关箱的电源进线端严禁采用插头和插座做活动连接。熔断器的熔体更换时，严禁采用不符合原规格的熔体代替。

(9) 配电装置的漏电保护器应于每次使用前用试验按钮试跳一次，只有试跳正常才可继续使用。

2. 配电装置的维护

(1) 配电装置设置场所应保持干燥、通风、常温。应及时清除易燃易爆物、腐蚀介质、积水和杂物，并留有足够 2 人同时工作的空间和通道。

(2) 配电装置内不得放置任何杂物，尤其是易燃易爆物、腐蚀介质和金属物，并经常保持清洁。

(3) 配电装置的进出线应防止受腐蚀、拉力和机械损伤，不得被杂物掩埋。

(4) 配电装置进行定期检查、维修时，必须将其前一级相应的隔离开关分闸断电，并悬挂“禁止合闸、有人工作”标志牌，严禁带电作业。停送电必须由专人执行。检查、维修人员必须是专业电工，并穿戴绝缘、防护用品，使用绝缘工具。

(5) 更换配电装置内电器时，必须与原规格、性能保持一致，不得使用与原规格、性能不一致的代用品。

6.4.7 配电箱和开关箱接线图

配电箱、开关箱是建筑施工现场临时用电不可缺少的配电装置，具有临时性、移动性和露天性，使用环境复杂，是建筑施工现场安全用电的一个关键环节，根据《建筑施工安全检查标准》JGJ 59—2011、《施工现场临时用电安全技术规范》JGJ 46—2005 和配电箱规范，现行配电箱和开关箱外观和接线图如图 6-38～图 6-40：

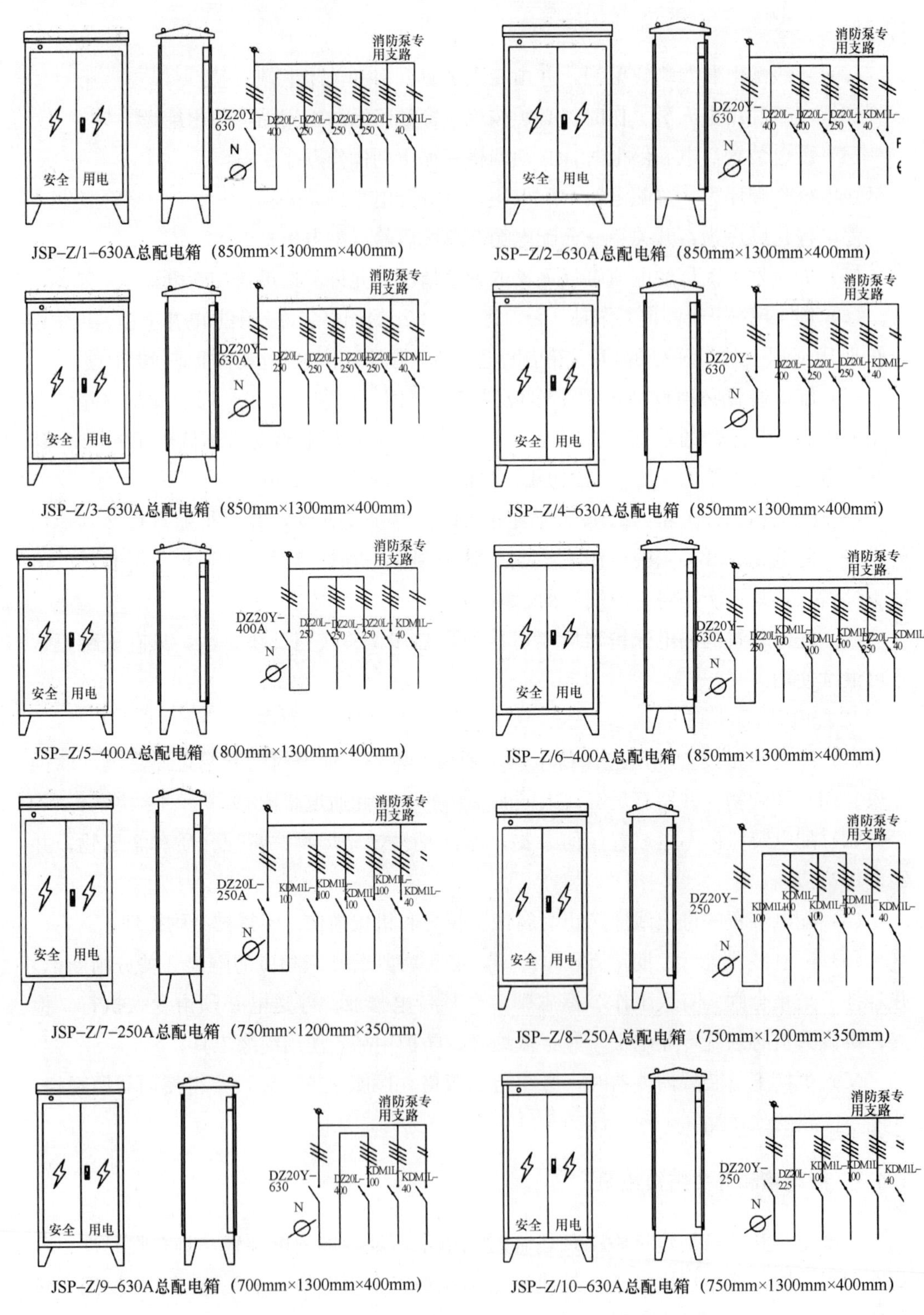

JSP–Z/1–630A总配电箱（850mm×1300mm×400mm）

JSP–Z/2–630A总配电箱（850mm×1300mm×400mm）

JSP–Z/3–630A总配电箱（850mm×1300mm×400mm）

JSP–Z/4–630A总配电箱（850mm×1300mm×400mm）

JSP–Z/5–400A总配电箱（800mm×1300mm×400mm）

JSP–Z/6–400A总配电箱（850mm×1300mm×400mm）

JSP–Z/7–250A总配电箱（750mm×1200mm×350mm）

JSP–Z/8–250A总配电箱（750mm×1200mm×350mm）

JSP–Z/9–630A总配电箱（700mm×1300mm×400mm）

JSP–Z/10–630A总配电箱（750mm×1300mm×400mm）

图 6-38　总配电箱外观（宽度×高度×厚度）和一次接线图

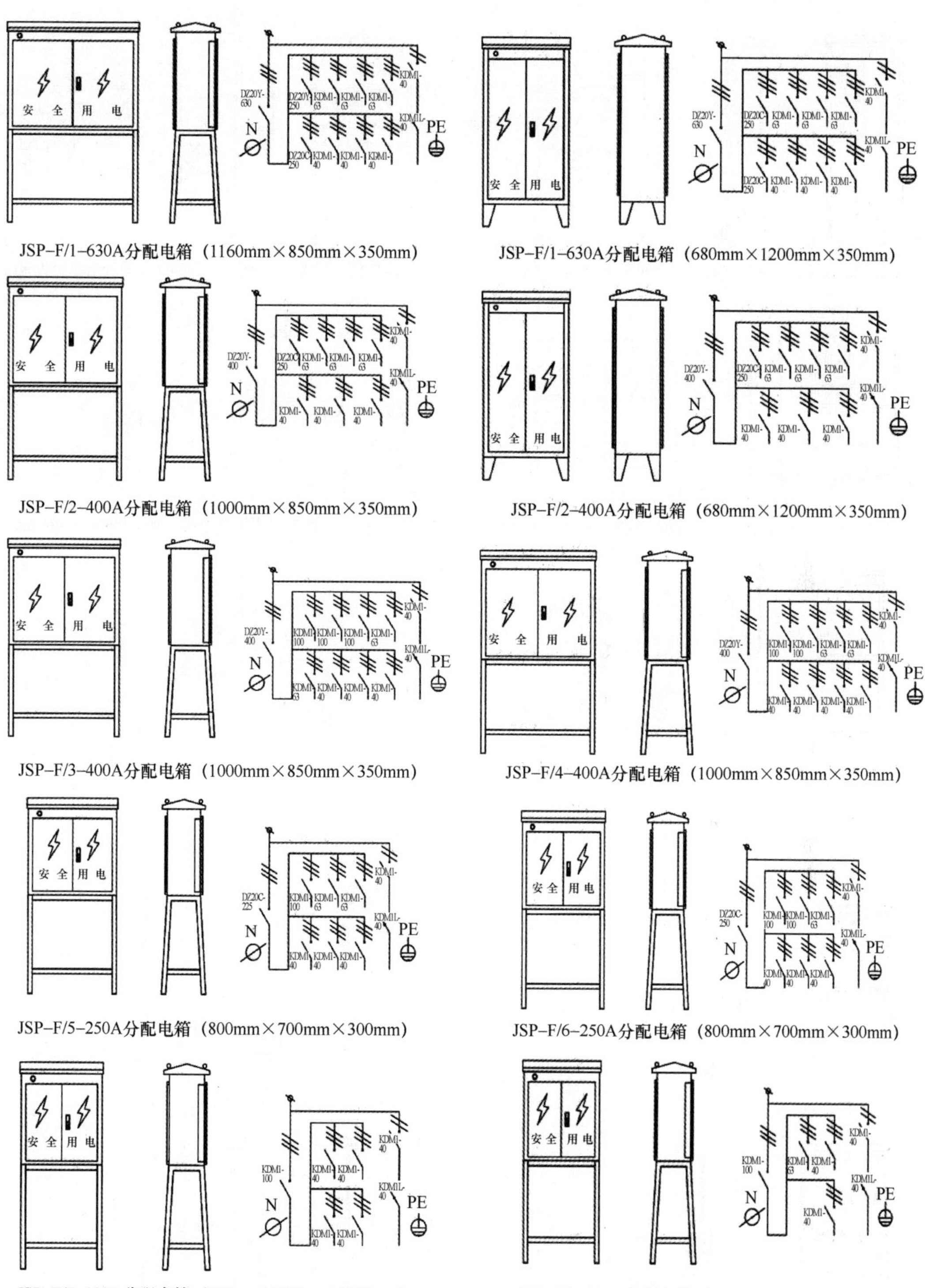

JSP–F/1–630A分配电箱（1160mm×850mm×350mm）

JSP–F/1–630A分配电箱（680mm×1200mm×350mm）

JSP–F/2–400A分配电箱（1000mm×850mm×350mm）

JSP–F/2–400A分配电箱（680mm×1200mm×350mm）

JSP–F/3–400A分配电箱（1000mm×850mm×350mm）

JSP–F/4–400A分配电箱（1000mm×850mm×350mm）

JSP–F/5–250A分配电箱（800mm×700mm×300mm）

JSP–F/6–250A分配电箱（800mm×700mm×300mm）

JSP–F/7–100A分配电箱（690mm×700mm×300mm）

JSP–F/8–100A分配电箱（690mm×700mm×300mm）

图 6-39　分配电箱外观（宽度×高度×厚度）和一次接线图（一）

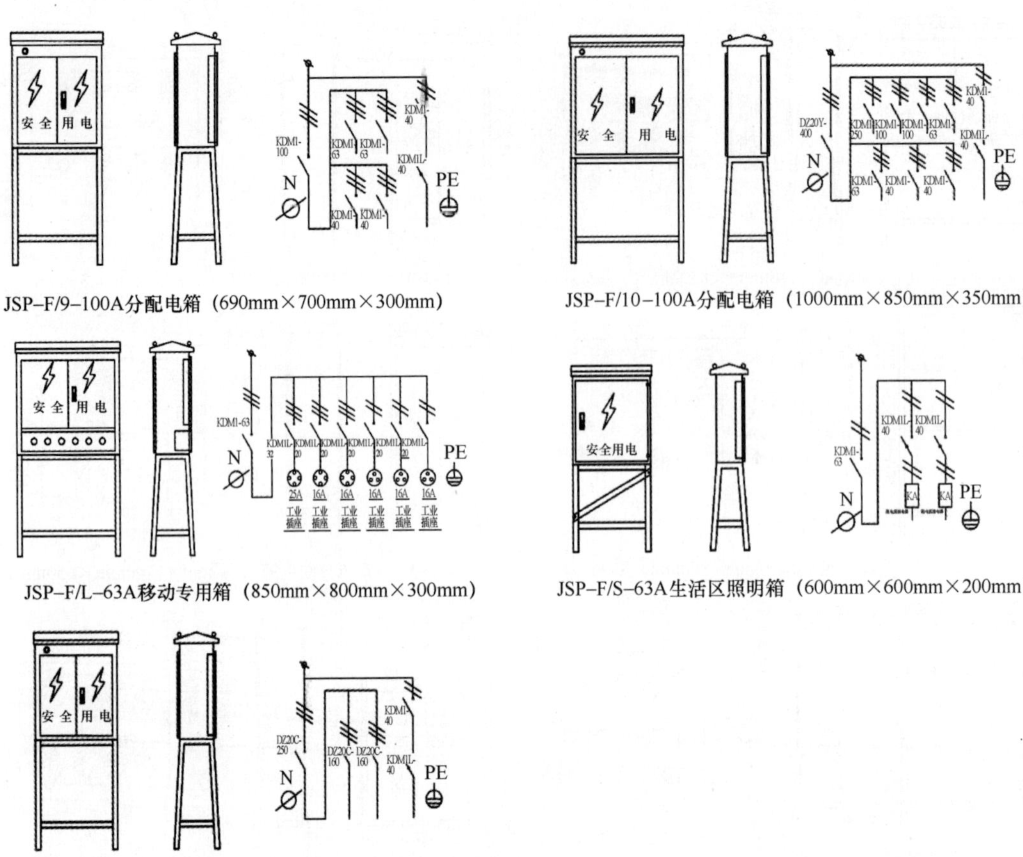

图 6-39　分配电箱外观（宽度×高度×厚度）和一次接线图（二）

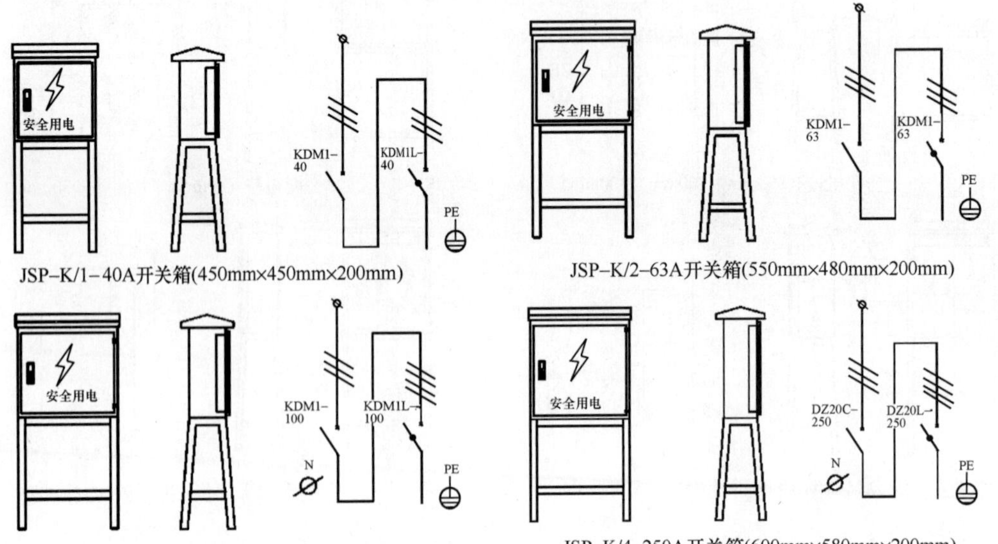

图 6-40　开关箱外观（宽度×高度×厚度）和一次接线图（一）

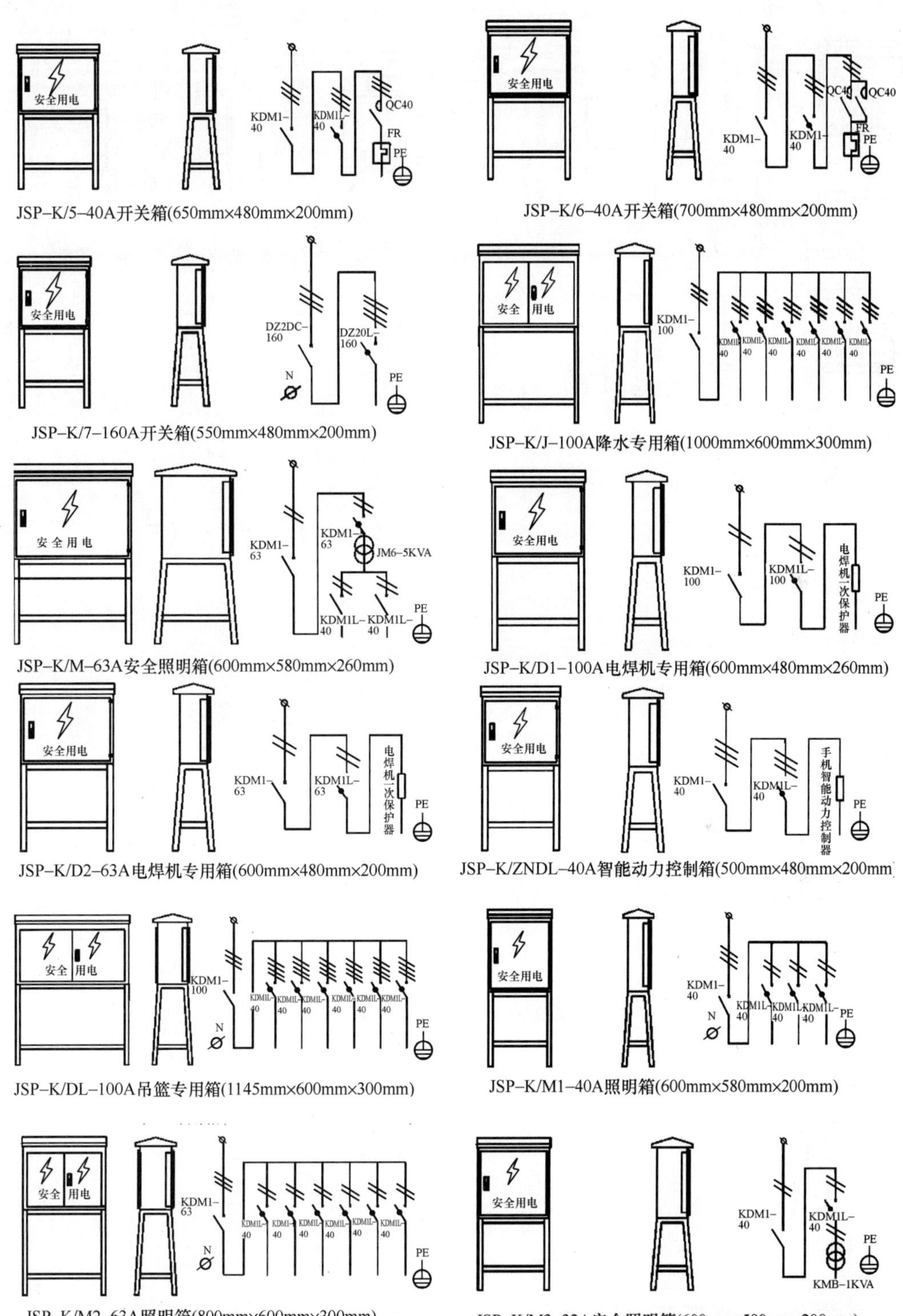

图 6-40　开关箱外观（宽度×高度×厚度）和一次接线图（二）

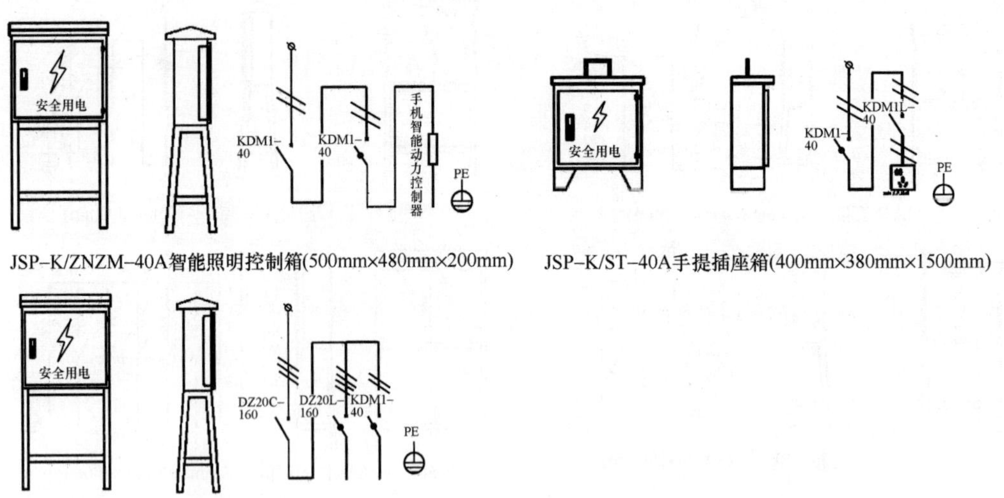

图 6-40 开关箱外观（宽度×高度×厚度）和一次接线图（三）

7 施工现场的照明

施工现场的照明，包括施工作业面上的照明，机械设备的照明，材料加工与材料堆放场地的生产照明，道路、仓库、办公室等工作照明和临建宿舍、食堂、厕所卫浴等生活照明。

7.1 施工现场常用的照明装置和选择

7.1.1 施工现场常用的照明装置

1. 白炽灯泡

白炽灯泡是利用钨丝通电加热而发光的一种热辐射光源。它结构简单、显色性好、光谱连续、成本低、使用方便，广泛应用于建筑工地上的各类照明。白炽灯泡的灯口分为螺灯口和卡灯口，有吊线式和吸顶式两种。后来白炽灯的发展趋势主要是研制节能型灯泡，不同用途和要求的白炽灯，其结构和部件不尽相同。白炽灯的光色和集光性能很好，但是因为光效低，现已逐步退出市场。

2. 高压汞灯

高压汞灯是玻壳内表面涂有荧光粉的高压汞蒸汽放电灯，灯光为白色且柔和，结构简单。其成本低，维修费用低，可直接取代普通白炽灯，具有光效高，寿命长，省电经济的特点，适用于工业照明、仓库照明、街道照明、泛光照明、安全照明等。

高压汞灯从启动到正常工作需要一段时间，通常为 4～10min。高压汞灯熄灭以后，不能立即重新启动。因为灯熄灭后，内部还保持着较高的汞蒸气压，要等灯管冷却，汞蒸气凝结后才能再次点燃。冷却过程需要 5～10min。如图 7-1 所示为常用的高压汞灯。

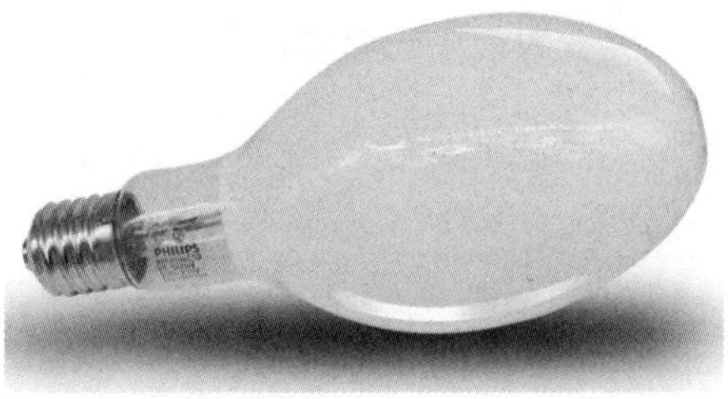

图 7-1 高压汞灯

3. 高压钠灯

高压钠灯使用时发出金白色光，具有发光效率高、耗电少、寿命长、透雾能力强和不锈蚀等优点。高压钠灯在使用时应保持电源电压的稳定，因为电源电压的波动必将引起灯泡光、电参数的变化；如果电源电压上升将引起灯泡工作电流增大，促使电弧管冷端温度提高，汞、钠蒸气压增高，工作电压、灯泡功率随着增高，造成灯泡寿命大大下降；反之，电源电压降低，灯光不能正常工作，发光效率下降，还可能造成灯泡不能启动或自行熄灭。所以，要求客户在灯泡使用时，电源电压的波动不宜过大，一般要求在额定值+6%～-8%范围之内变化。高压钠灯广泛应用于道路、高速公路、机场、码头、船坞、车站、广场、街道交汇处、工矿企业、公园、庭院照明及植物栽培。如图7-2所示为常用的高压钠灯。

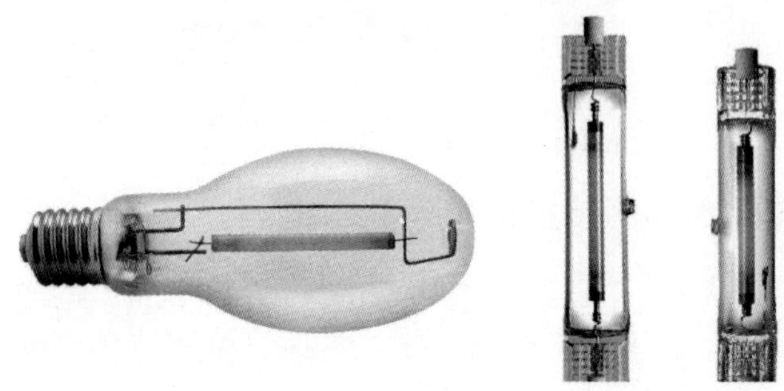

图7-2　高压钠灯

4. 金属卤化物灯

金属卤化物灯（简称金卤灯）是靠交流电源工作，在汞和稀有金属的卤化物混合蒸气中产生电弧放电发光的放电灯。金属卤化物灯是在高压汞灯基础上添加各种金属卤化物制成的第三代光源。金卤灯有两种：一种是石英金卤灯，其电弧管泡壳是用石英做的；另一种是陶瓷金卤灯，其电弧管泡壳是用半透明氧化铝陶瓷做的。金卤灯是目前世界上最优秀的电光源之一，具有发光效率高（65～140lm/w）、显色性能好（Ra65～95）、寿命长（5000～20000h）等特点，兼有荧光灯、高压汞灯、高压钠灯的优点、克服了这些灯的缺陷，是一种接近日光色的节能新光源，广泛应用于体育场馆、展览中心、大型商场、工业厂房、街道广场、车站、施工现场等场所的室内照明；如图7-3所示为常用的金属卤化物灯。

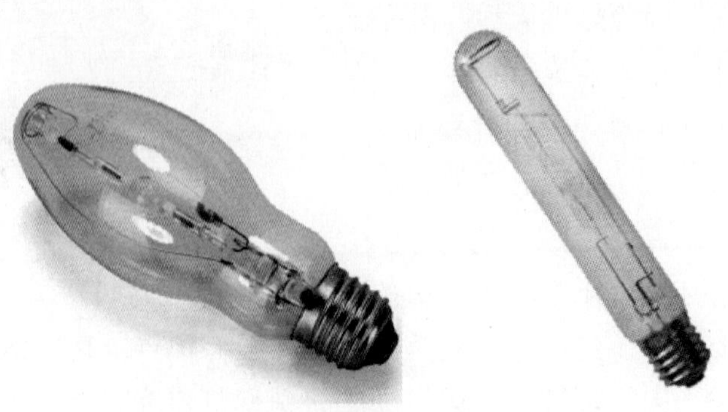

图7-3　金属卤化物灯

5. 卤钨灯

填充气体内含有部分卤族元素或卤化物的充气白炽灯称为卤钨灯。卤钨灯具有较高光效和较长寿命，灯管壁温度较高，灯内气压较高。卤钨灯分为碘钨灯和溴钨灯。如图 7-4 所示为常用的卤钨灯。

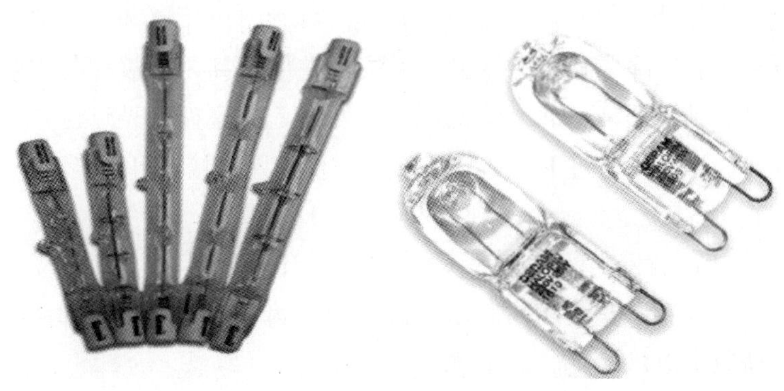

图 7-4 卤钨灯

（1）碘钨灯

碘钨灯灯管由耐高温的石英玻璃制成，灯丝沿玻璃管轴向安装，电源引线由两端接出。通电后，在高温作用下，从钨丝蒸发出来的钨分子向管壁扩散，分解的碘分子与钨化合成碘化钨，当碘化钨移动到灯丝附近时，又分解成碘和钨，而钨又被送回到灯丝，使碘又回到温度较低的管壁周围，再与蒸发出来的钨分子化合为碘化钨，这样不断循环，使灯丝得以提高工作温度，发出耀眼的光。

碘钨灯与白炽灯相比，具有体积小、光通稳定、光效高的优点，一只 1000W 的碘钨灯有相当于一只 5000W 的普通白炽灯的亮度，灯管壁工作温度可达 500～600℃，平均寿命可达 1500h，但耐震性较差，且由于使用石英玻璃管，价格较高。使用中应保持灯管的位置水平，倾斜度不得大于 4°，否则会缩短寿命。灯管与灯罩配套使用，由于灯罩两端与灯管连接的卡具外漏带电，所以必须做保护接零。碘钨灯在建筑工地使用较多。

（2）溴钨灯

溴钨灯的光效比碘钨灯约高 4％～5％。溴钨灯与碘钨灯的结构、尺寸完全相同。

6. 荧光灯

传统型荧光灯即低压汞灯，是利用低气压的汞蒸气在通电后释放紫外线，从而使荧光粉发出可见光，因此它属于低气压弧光放电光源。

常见的荧光灯有：

（1）直管形荧光灯。为了方便安装、降低成本和安全起见，许多直管形荧光灯的镇流器都安装在支架内，构成自镇流型荧光灯。

(2) 彩色直管型荧光灯。彩色直管型荧光灯的光通量较低，适用于商店橱窗、广告或类似场所的装饰和色彩显示。

(3) 环形荧光灯。除形状外，环形荧光灯与直管形荧光灯没有多大差别。是主要提供给吸顶灯、吊灯等作配套光源，供家庭、商场等照明用。

(4) 单端紧凑型节能荧光灯。这种荧光灯的灯管、镇流器和灯头紧密地联成一体(镇流器放在灯头内)，除了破坏性打击，无法把它们拆卸，故被称为“紧凑型”荧光灯。由于无须外加镇流器，驱动电路也在镇流器内，故这种荧光灯也是自镇流荧光灯和内启动荧光灯。整个灯通过 E27 等灯头直接与供电网连接，可直接取代白炽灯。

7. LED 灯

LED 灯是一块电致发光的半导体材料芯片，用银胶或白胶固化到支架上，然后用银线或金线连接芯片和电路板，四周用环氧树脂密封，起到保护内部芯线的作用，最后安装外壳，所以 LED 灯的抗震性能好。

LED (发光二极管)，是一种能够将电能转化为可见光的固态半导体器件。LED 的心脏是一个半导体晶片，晶片的一端附在一个支架上，一端是负极，另一端连接电源的正极，使整个晶片被环氧树脂封装起来。半导体晶片由两部分组成，一部分是 P 型半导体，在它里面空穴占主导地位，另一端是 N 型半导体，在这边主要是电子。但这两种半导体连接起来的时候，它们之间就形成一个 P-N 结。LED 灯发光的原理是，当电流通过导线作用于这个晶片的时候，电子就会被推向 P 区，在 P 区里电子跟空穴复合，然后就会以光子的形式发出能量，形成可见光。光的颜色由光的波长决定，是由形成 P—N 结的材料决定的。

LED 可以直接发出红、黄、蓝、绿、青、橙、紫、白色的光。其特点主要有节能、长寿、环保、无频闪等。如图 7-5 所示为常用的 LED 灯。

图 7-5 LED 灯

8. 太阳能灯

太阳能灯是指利用太阳能发光的照明器具，通常使用太阳能电池板转换电能。在白天，即使是在阴天，这个太阳能发电机（太阳能板）也可以收集、存储太阳能量。太阳能灯作为一种安全、环保新电灯，从而越来越受到重视。

太阳能灯工作原理为：利用光生伏特效应原理制成的太阳能电池，白天接收太阳辐射能并转化为电能输出，电能经过充放电控制器储存在蓄电池中。夜晚，当照度逐渐降低至10lux左右且太阳能电池板开路电压降低到4.5V左右，蓄电池对灯头放电。蓄电池一般在使用8.5h后，放电结束。充放电控制器的主要作用是保护蓄电池。如图7-6所示为常用的太阳能灯。

图7-6 太阳能灯

9. 其他灯具

施工现场使用的照明器具还有手提灯、防爆灯、防水防尘灯、射灯、灯带及各类灯的组合和附带特殊功能的灯等。使用这些特殊灯具时，一定要注意它们的额定电压、适用范围和安装要求，同时要注意生产厂家的合格证明，并按说明书要求使用。

7.1.2 照明器的选择

1. 正常湿度（相对湿度≤75%）的场所，可选用普通开启式照明器。

2. 潮湿或特别潮湿（相对湿度>75%）的场所，属于触电危险场所，必须选用密闭型防水照明器或配有防水灯头的开启式照明器。

3. 含有大量尘埃但无爆炸和火灾危险的场所，属于触电一般场所，必须选用防尘型照明器，以防尘埃影响照明器安全发光。

4. 有爆炸和火灾危险的场所，亦属于触电危险场所，应按危险场所等级选用防爆型照明器，详见《爆炸危险环境电力装置设计规范》GB 50058—2014。现举一例予以说明，假设火灾危险场所属于火灾危险区域划分的23区，即具有固体状可燃物质，在数量和配置上为能引起火灾危险的环境，按该规范规定，照明灯具的防护结构应为IP2X级。

5. 存在较强振动的场所，必须选用防振型照明器。

6. 有酸碱等强腐蚀介质场所，必须选用耐酸碱型照明器。

以上各类型照明器的共同要求是：所选照明器具应是符合国家现行有关强制性标准规定的合格产品，不得选用不合格产品，不得使用绝缘老化、结构破损的器具和器材。

7.2 施工现场照明的设置

7.2.1 照明设置的一般要求

为了保障施工现场内各种场所的视觉需要，照明设置应符合下列规定：

1. 在坑洞内作业、夜间施工或在作业厂房、料具堆放场、道路、仓库、办公室、食堂、宿舍及自然采光差等场所，应设一般照明、局部照明或混合照明。在一个工作场所内，不得只设局部照明。

2. 停电后，作业人员需要及时撤离现场的特殊工程，如夜间高处作业工程及自然采光很差的深坑洞工程等场所，还必须装设由独立自备电源供电的应急照明。

3. 对于夜间影响行人和车辆安全通行的在建工程，如开挖的沟、槽、孔洞等，应在其邻边设置醒目的红色警戒照明。

4. 对于夜间可能影响飞机及其他飞行器安全通行的高大机械设备或设施，如塔式起重机、外用电梯等，应在其顶端设置醒目的警戒照明。

5. 施工现场应根据需要设置不受停电影响的保安照明。

7.2.2 照明供电的选择

照明供电的选择主要指供电电压、线路导线和配套器具的选择。

1. 供电电压的选择

照明供电电压要与照明器工作环境条件相适应。

（1）一般场所，照明供电电压宜为220V，即可选用额定电压为220V的照明器。

（2）隧道，人防工程，高温、有导电灰尘、比较潮湿或灯具离地面高度低于规定2.5m等较易触电的场所，照明电源电压不应大于36V。

（3）潮湿和易于触及带电体的触电危险场所，照明电源电压不得大于24V。

（4）特别潮湿、导电良好的地面、锅炉或金属容器等触电高度危险场所，照明电源电压不得大于12V。

（5）行灯电压不得大于36V。

（6）远离电源的小面积工作场地、道路照明和警卫照明或额定电压为12～36V照明的场所，其电压允许偏移值为额定电压值的－10％～＋5％；其余场所电压允许偏移值为额定电压值的±5％。

2. 线路导线的选择

（1）使用携带式变压器，其一次侧电源线应采用橡皮护套或塑料护套铜芯软电缆，中间不得有接头，长度不宜超过3m，其中绿/黄双色线只可作PE线使用，电源插销应有保护触头。

(2) 工作零线（N线）截面应符合以下要求：

1) 单相及二相线路中，零线截面与相线截面相同。

2) 三相四线制线路中，零线截面不小于相线截面的50%；当照明器为气体放电灯时，零线截面按最大负荷相的电流选择。

3) 在逐相切断的三相照明电路中，零线截面与最大负荷相相线截面相同。

3. 照明器配套器具

(1) 照明变压器

特殊场所，应借助照明变压器提供36V及以下的电源电压。照明变压器必须是双绕组型安全隔离变压器，其绝缘水平与Ⅱ类手持式电动工具相当，即采用双重绝缘或加强绝缘。严禁使用自耦变压器，因其电源电压不稳定，且在故障情况下易将一次绕组电压串至二次绕组，危及照明器及与其接触人员的安全。

(2) 行灯灯体

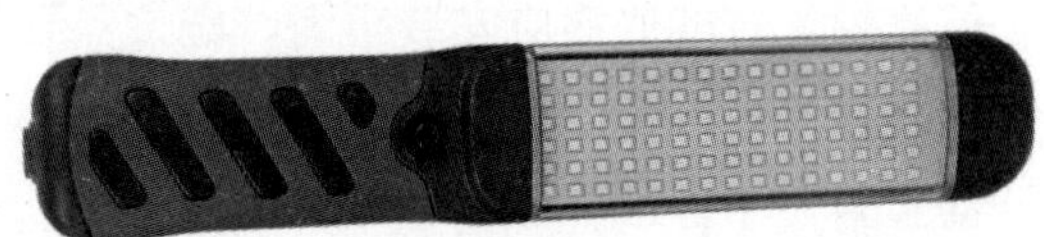

图7-7 手持式行灯

行灯的灯体与手柄应坚固、绝缘良好并耐热耐潮湿；灯体与灯头应结合牢固，灯头应无开关；灯泡外部应有金属保护网；金属网、反光罩、悬吊挂钩应固定在灯具的绝缘部位上。如图7-7所示为常见的手持式行灯。

(3) 灯具及电源插座

照明系统每一单相回路上，灯具和电源插座数量不宜超过25个，负荷电流不宜超过15A。连接具有金属外罩灯具的插座和插头均应有接PE线的保护触头。

7.2.3 照明装置的设置

照明装置的设置包括照明装置的安装、控制与保护。

1. 安装

(1) 安装高度

一般220V灯具室外不低于3m，室内不低于2.5m；碘钨灯及其他金属卤化物灯安装高度宜在3m以上。

(2) 安装接线

螺口灯头的中心触头应与相线连接，螺口应与零线（N）连接；碘钨灯及其他金属卤化物灯的灯线应固定在专用接线柱上；灯具的内接线必须牢固，外接线必须作可靠的防水绝缘包扎。

带金属外壳的灯具必须采用三芯线，即专用保护零线与金属外壳连接。

(3) 对易燃易爆物的防护距离

普通灯具不宜小于300mm；聚光灯及碘钨灯等高热灯具不宜小于500mm，且不得直接照射易燃物。达不到防护距离时，应采取隔热措施。

2. 控制与保护

（1）任何灯具必须经照明开关箱配电与控制，配置完整的电源隔离、过载与短路保护及漏电保护电器。

（2）路灯应逐灯另设熔断器保护，灯头线应做防水弯。

（3）灯具的相线必须经开关控制，不得直接引入灯具。

（4）宿舍区域内严禁设置床头开关。

（5）荧光灯管应采用管座固定或用吊链悬挂。荧光灯的镇流器不得安装在易燃的结构物上。

（6）碘钨灯及钠、铊、铟等金属卤化物灯具的安装高度宜在3m以上，灯线应固定在接线柱上，不得靠近灯具表面。

（7）投光灯的底座应安装牢固，应按需要的光轴方向将枢轴拧紧固定。

（8）灯具内的接线必须牢固，灯具外的接线必须做可靠的防水绝缘包扎。

（9）暂设工程的照明灯具宜采用拉线开关控制，开关安装位置宜符合下列要求：拉线开关距地面高度为2～3m，与出入口的水平距离为0.15～0.2m，拉线的出口向下；其他开关距地面高度为1.3m，与出入口的水平距离为0.15～0.2m。

（10）灯具的相线必须经开关控制，不得将相线直接引入灯具。

3. 对夜间影响飞机或车辆通行的在建工程及机械设备，必须设置醒目的红色信号灯，其电源应设在施工现场总电源开关的前侧，并应设置外电线路停止供电时的应急自备电源。

8 施工现场危险环境因素与雷电防护

8.1 危险环境因素的防护

施工现场与电气安全相关的危险环境因素主要有外电线路、易燃易爆物、腐蚀介质、机械损伤以及强电磁辐射的电磁感应和有害静电等。

8.1.1 外电线路防护

外电线路主要指不为施工现场专用的原来已经存在的高压或低压配电线路。外电线路一般为架空线路，有的施工现场也会遇到电缆线路。为了防止外电线路对施工现场作业人员造成触电伤害事故，施工现场必须对其采取相应的防护措施，这种对外电线路触电伤害的防护称为外电线路防护，简称外电防护。

由于外电线路位置已经固定，所以施工过程中必须与外电线路保持一定安全距离，当因受现场作业条件限制达不到安全距离时，必须采取屏护措施，防止发生因碰触造成的触电事故。

1. 安全操作距离

保证安全操作距离就是充分考虑各种操作因素的影响，确立外电线路与施工现场的在建建筑、机械设备、道路和设施之间的位置关系，它是外电防护的首要措施。

（1）在建工程不得在外电架空线路正下方施工、搭设作业棚、建造生活设施或堆放构件、架具、材料及其他杂物等。

（2）在建工程（含脚手架）的周边与外电架空线路的边线之间的最小安全操作距离应符合表 8-1 的规定。

在建工程（含脚手架）的周边与外电架空线路的边线之间的最小安全操作距离　　表 8-1

外电线路电压等级（kV）	<1	1～10	35～110	220	330～500
最小安全操作距离（m）	4.0	6.0	8.0	10	15

注：上、下脚手架的斜道不宜设在有外电线路的一侧。

（3）施工现场的机动车道与外电架空线路交叉时，架空线路的最低点与路面的最小垂直距离应符合表 8-2 的规定。

施工现场的机动车道与外电架空线路交叉时的最小垂直距离　　表 8-2

外电线路电压等级（kV）	<1	1～10	35
最小垂直距离（m）	6.0	7.0	7.0

(4) 起重机严禁越过无防护设施的外电架空线路作业。在外电架空线路附近吊装时，起重机的任何部位或被吊物边缘在最大偏斜时与架空线路的最小距离应符合表 8-3 的规定。

起重机与架空线路的最小安全距离 **表 8-3**

电压（kV） 最小安全距离（m）	<1	10	35	110	220	330	500
沿垂直方向	1.5	3.0	4.0	5.0	6.0	7.0	8.5
沿水平方向	1.5	2.0	3.5	4.0	6.0	7.0	8.5

(5) 施工现场开挖沟槽边缘与外电埋地电缆沟槽边缘之间的距离不得小于 0.5m。

(6) 在外电架空线路附近开挖沟槽时，必须会同有关部门采取加固措施，防止外电架空线路电杆倾斜、失稳。

2. 安全防护设施

绝缘隔离防护措施，可采用木、竹或其他绝缘材料增设屏障、遮栏、围栏等与外电线路实现强制性绝缘隔离，并应悬挂醒目的警告标志牌。架设安全防护设施，必须符合以下要求：

(1) 架设安全防护设施时，必须经有关部门批准，采用线路暂时停电或其他可靠的安全技术措施，并有电气工程技术人员和专职安全人员监护。

(2) 防护设施必须与外电线路保持一定的安全距离。安全距离不应小于表 8-4 所列数值。

防护设施与外电线路之间的最小安全距离 **表 8-4**

外电线路电压等级（kV）	≤10	35	110	220	330	500
最小安全距离（m）	1.7	2.0	2.5	4.0	5.0	6.0

(3) 防护设施应坚固、稳定，且对外电线路的隔离防护应达到《外壳防护等级（IP 代码）》GB 4208—2017 规定的 IP30 级，防护设施的缝隙能够防止直径 2.5mm 固体异物穿越。为防止因电场感应可能使防护设施带电，防护设施不得采用金属材料架设。

对外电线路无法架设防护设施的施工现场，必须与有关部门协商，使外电线路停电、迁移或改变在建工程的位置。否则，严禁强行施工。

3. 外电防护的几种方法

考虑到施工现场的实际情况，外电防护主要有以下几种方法，其中图 8-1 和图 8-2 中的 L 为防护设施与外电线路的最小安全距离，应满足表 8-4 防护设施与外电线路之间的最小安全距离的要求。

(1) 若在建工程不超过高压线 2m 时，防护设施如图 8-1 所示。若超过高压线 2m 时，主要考虑超过高压线的作业层掉物，可能引起高压线短路或人员操作过近触及高压线，须设置顶部绝缘隔离防护设施，如图 8-2 所示。

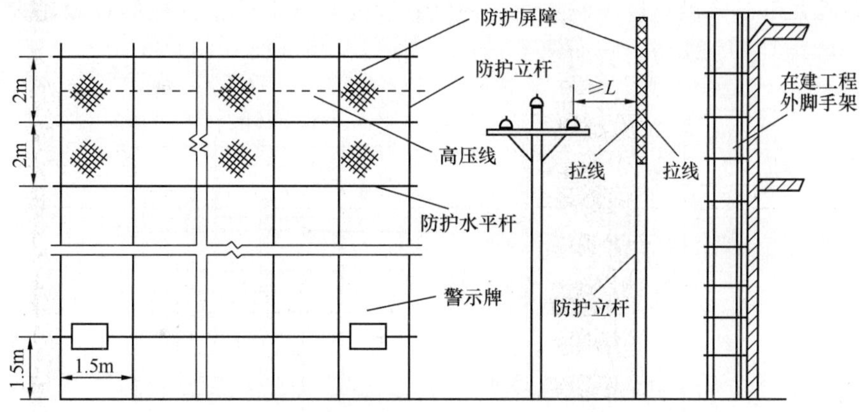

图 8-1 在建工程高于高压线不超过 2m 时防护方法

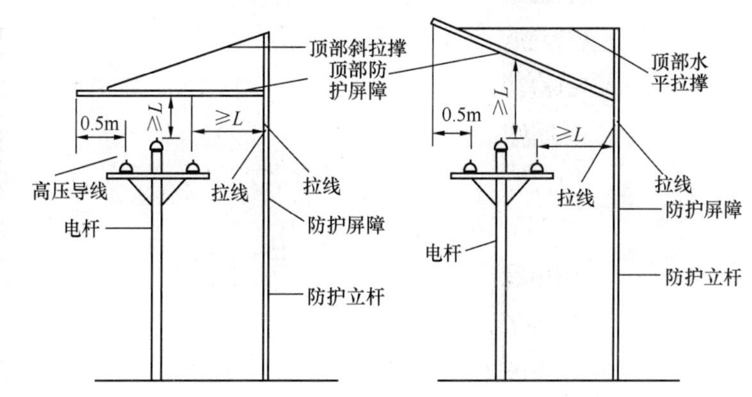

图 8-2 在建工程高于高压线超过 2m 时防护方法

（2）当建筑物外脚手架与高压线距离较近，无法单独设防护设施时，则可以利用外脚手架防护立杆设置防护设施，即脚手架与高压线路平行的一侧用合格的密目式安全网全部封闭，此侧面的钢管脚手架至少做 3 处可靠接地，接地电阻应小于 10Ω。同时在与高压线等高的脚手架外侧面，挂设与脚手架外侧面等长，高 3～4m 的细格金属网，并把此网用绝缘接地线进行 3 处可靠接地，接地电阻小于 10Ω。当建筑物超过高压线 2m 时，仍须搭设顶棚防护屏障。如在搭设顶棚防护设施有困难时，可在外脚手架上直接搭设防护屏障到外脚手架顶部，如图 8-3 所示。

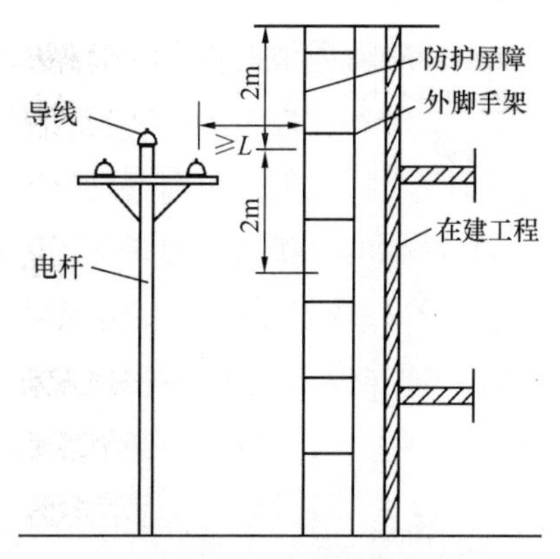

图 8-3 外脚手架与高压线距离较近时防护方法

（3）跨越架防护设施

起重吊装如跨越高压线，这时要注意顶棚防

护设施应有足够的强度，以免发生断裂、歪斜及变形。对于搭设的防护设施要有专人从事监护管理。具体防护方法如图 8-4 所示。

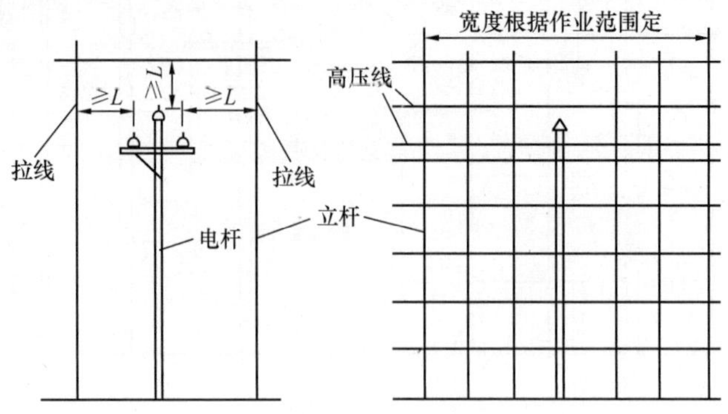

图 8-4 起重吊装跨越高压线的防护方法

(4) 室外变压器的防护

如图 8-5 所示，室外变压器的防护方法，应符合下列要求：

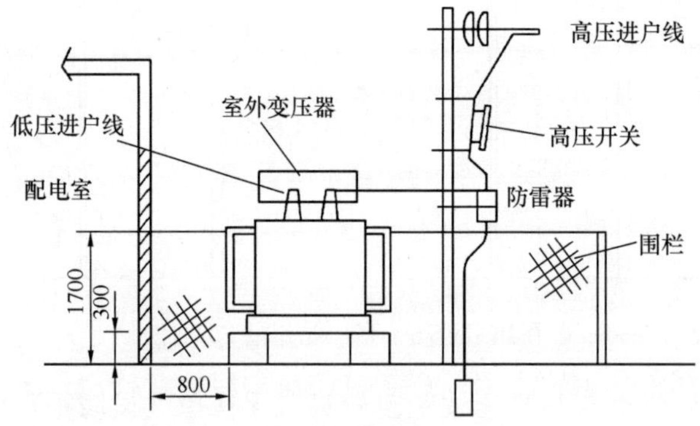

图 8-5 室外变压器的防护方法

1) 变压器周围要设围栏，高度应≥1.7m。

2) 变压器外廓与围栏或建筑物外墙的净距应≥0.8m。

3) 变压器底部距地面高度应≥0.3m。

4) 栅栏的栏条之间间距应≤0.2m。

(5) 高压线过路防护

在一般情况下，穿过高压线下方的道路，可不做防护。但在施工现场，情况比较复杂，现场的开挖堆土、斜坡改道等情况较多，在使高压线的对地距离达不到规范要求的情况下，高压线下方就必须有相应的防护设施，使车辆通过时有高度限制。高压线防护设施与高压线之间的距离应满足最小安全操作距离，具体防护方法如图 8-6 所示。

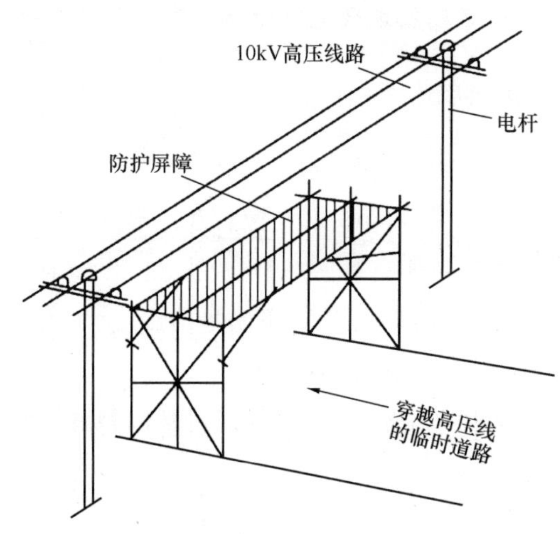

图 8-6 高压线过路防护方法

8.1.2 易燃易爆物与腐蚀介质防护

1. 易燃易爆物防护

电气设备周围不得存放易燃易爆物，防止因电火花或电弧引燃易燃易爆物品。当电气设备周围的易燃易爆物无法清除和回避时，要根据防护类别采取绝热隔温及阻燃隔弧、隔爆等措施，可设置阻燃隔离板和采用防爆电机、电器、灯具等。

2. 腐蚀介质防护

电气设备现场周围不得存放能对电气设备造成腐蚀作用的酸、碱、盐等介质，电气设备现场周围的腐蚀介质无法清除和回避时，应采取有针对性的隔离接触措施。如在腐蚀介质相对集中的场所，应采用具有相应防护结构、适应相应防护等级的电气设备，采用具有能防雨、防雪、防尘功能的配电装置，导线连接点做防水绝缘包扎，地面上的用电设备采取防止雨水、污水侵蚀措施，酸雨、酸雾和沿海盐雾多的地区采用相应的耐腐电缆代替绝缘导线等。

8.1.3 机械损伤防护

为防止配电装置、配电线路和用电设备遭受机械损伤，可采取以下防护措施：

1. 配电装置、电气设备应尽量设在可避免各种高处坠物打击的位置，如不能避开则应在电气设备上方设置防护棚。

2. 塔式起重机起重臂跨越施工现场配电线路上方应有防护隔离设施。

3. 用电设备负荷线不得拖地放置。

4. 电焊机二次线应避免在钢筋网面上拖拉和踩踏。

5. 穿越道路的用电线路应采取架空或者穿管埋地等保护措施。

6. 加工废料和施工材料堆场要远离电气设备、配电装置和线路。

8.1.4 电磁感应与有害静电防护

1. 电磁感应防护

有的施工现场离电台、电视台等电磁波源较近，受电磁辐射作用，在施工机械、铁架等金属部件上会感应出对人体有害的电压。为防止强电磁波辐射在塔式起重机吊钩或吊索上产生对地电压的危害，可采取以下防护措施：

(1) 地面操作者穿绝缘胶鞋，戴绝缘手套。

(2) 吊钩用绝缘胶皮包裹或在吊钩与吊索间用绝缘材料隔离。

(3) 挂装吊物时，将吊钩挂接临时接地线。

2. 有害静电防护

静止电荷聚集到一定程度，会对人体造成伤害。这是因为当人体接触到带静电的物体时，就会有电荷在人体和带电体之间瞬间转移，在转移的过程中，依静电的聚集量和转移程度，人会有针刺、麻等感觉，甚至造成身体颤抖等。

为了消除静电对人体的危害，应对聚集在机械设备上的静电采取接地泄放措施。通常的方法是将能产生静电的设备接地，使静电被中和，接地部位与大地保持等电位。

8.2 防雷

为了消除和减轻雷电的危害，通过设置人为控制和限制雷电发生位置并使其不至危害到需要保护的人、设备或设施的装置，称作防雷装置或避雷装置。

1. 防雷部位的确定

施工现场需要考虑防直击雷的部位主要是塔式起重机、施工升降机和物料提升机等高大起重机械设备及钢脚手架、在建工程金属结构等高架设施，防感应雷的部位则是施工现场专用变电所或配电室的进出线处。

如果施工现场的塔式起重机、施工升降机和物料提升机等机械设备，以及钢脚手架和正在施工的在建工程等的金属结构，在相邻建筑物、构筑物等设施的防雷装置保护范围以外，则应按表 8-5 规定安装防雷装置。

施工现场内机械设备及高架设施需安装防雷装置的规定　　表 8-5

地区年平均雷暴日（d）	机械设备高度（m）
≤15	≥50
15～40	≥32
40（含 40）～90	≥20
≥90 及雷害特别严重地区	≥12

表 8-5 中的数据是参照第三类防雷建、构筑物特征，考虑到全国各地的气象、地形、地质情况，施工现场周围环境和机械、设施特征，以及其年计算雷击次数 $N \geqslant 0.01$ 次/年确定的。各地区年平均雷暴日参照附录 A。

2. 防雷装置的设置

（1）防直击雷装置的设置

防直击雷装置由接闪器、防雷引下线和防雷接地体组成。防直击雷装置的设置应符合下列要求：

1）对于施工现场高大建筑机械和高架金属设施来说，接闪器应设置于其最顶端，可采用直径为 20 mm 及以上的圆钢等；防雷引下线可采用铜线、圆钢、扁钢、角钢等；防雷接地体与临时用电系统接地体相同。

2）机械设备上的接闪器长度应为 1～2m。

3）接闪器、防雷引下线、防雷接地体之间必须进行可靠电气连接。

4）单独设置的防雷接地体，其冲击接地电阻值不应大于 30Ω；与临时用电系统 PE 线重复接地共用的防雷接地体，其接地电阻值应符合 PE 线重复接地电阻值不大于 10Ω 的要求。

5）塔式起重机塔顶和臂架远端可作为接闪器，塔身可作为防雷引下线，但应保证电气连接，防雷接地体可与 PE 线重复接地的接地体共用。

（2）防感应雷装置的设置

应在施工现场供电的变压器低压侧配置浪涌保护器。浪涌保护器，也叫防雷器，是一种为各种电子设备、仪器仪表、通信线路提供安全防护的电子装置。当电气回路或者通信线路中因为外界的干扰突然产生尖峰电流或者电压时，浪涌保护器能在极短的时间内导通分流，从而避免浪涌对回路中其他设备的损害，如图 8-7 所示。

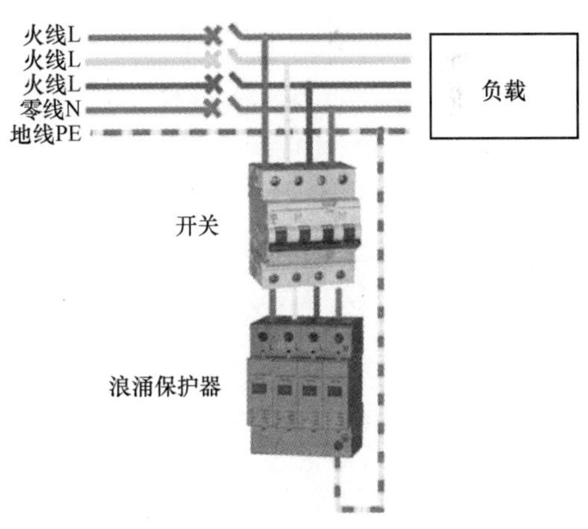

图 8-7 浪涌保护器接线图

由于雷击的能量是非常巨大的，需要通过分级泄放的方法，将雷击能量逐步泄放到大地。在直击雷非防护区（LPZ0A）或在直击雷防护区（LPZ0B）与第一防护区（LPZ1）交界处，安装通过Ⅰ级分类试验的浪涌保护器或限压型浪涌保护器作为第一级保护，对直击雷电流进行泄放，或者当电源传输线路遭受直接雷击时，将传导的巨大能量进行泄放。在第一防护区之后的各分区（包含 LPZ1 区）交界处安装限压型浪涌保护器，作为二、三级或更高等级保护。第二级保护器是针对前级保护器的残余电压以及区内感应雷击的防护设备，在前级发生较大雷击能量吸收时，仍有一部分对设备或第三级保护器而言是相当巨大的能量，会传导过来，需要第二级保护器进一步吸收。同时，经过第一级防雷器的传输线路也会感应雷击电磁脉冲辐射。当线路足够长时，感应雷的能量就变得足够大，需要第二级保护器进一步对雷击能量实施泄放。第三级保护器对通过第二级保护器的残余雷击能量进行保护。根据被保护设备的耐压等级，假如两级防雷就可以做到限制电压低于设备的耐压水平，就只需要做两级保护；假如设备的耐压水平较低，可能需要四级甚至更多级的保护。

9 施工现场的用电管理

9.1 施工现场临时用电施工组织设计

9.1.1 临时用电组织设计编制的意义和要求

临时用电施工组织设计是建筑施工用电安全技术的核心组成部分，其宗旨是指导建造一个既能够确保施工用电安全，又能够兼顾施工用电方便的临时用电工程。由于建筑施工现场相当于一个临时露天工厂，其临时施工用电工程具有裸露性、暂设性、多样性、环境条件不可选择性等特点，因此从确保施工用电安全可靠和方便合理角度出发，施工用电工程必须能够适应这些特点，并且能够有针对性地适应施工现场的供电方式、周围环境、负荷状况、地域特征等相关安全技术条件，能够充分体现用电安全管理的科学合理性。

按照《施工现场临时用电安全技术规范》JGJ 46—2005 的规定，施工现场临时用电设备在 5 台及以上或设备总容量在 50kW 及以上者，应编制组织设计。临时用电组织设计及变更时，必须履行“编制、审核、批准”程序，由电气工程技术人员组织编制，经相关部门审核及具有法人资格企业的技术负责人批准后实施。

9.1.2 临时用电组织设计的安全技术条件和原则

1. 临时用电施工组织设计的安全技术条件

(1) 临时用电工程的供电方式

建筑施工用电工程的供电方式，有外电线路供电和自备电源供电两种，应根据实际情况进行设计。外电线路供电方式可分为三种类型：

1) 采用 380/220V 市电公用低压电网供电。即直接将市电公用低压电网 380/220V 电力以三相四线制形式引入施工用电工程的配电室或总配电箱。

2) 采用邻近 10/0.4kV 变电所低压侧 380/220V 电力，以三相四线制形式引入施工用电工程的配电室或总配电箱。

3) 在施工现场设置 10/0.4kV 临时变电所，作为施工专用变电所。

在无法取用外电线路电源或外电线路供电不稳定时，施工现场可专设发电机组，作为建筑施工用电工程的供电电源。

(2) 施工现场周围环境的安全技术条件

施工现场周围环境的安全技术条件主要是指在施工现场周围是否存在能危及施工安全的高、低压外电线路，强电磁辐射源，易燃、易爆物源，污源和腐蚀介质源。

(3) 电气设备数量、种类和负荷分布

这里是指与在建工程性质、规模、施工工艺过程相联系的电气设备数量、种类、负荷，其中负荷分布和负荷计算是配电装置和配电线路设计的主要依据。

(4) 地域位置和地质结构

地域位置和地质结构是施工现场防雷设计和施工用电工程各种接地设计的重要依据之一。

2. 临时用电施工组织设计的安全技术原则

在建筑施工临时用电组织设计中，必须采用的主要安全技术原则，概括起来说有三条：其一是必须采用 TN-S 接零保护系统；其二是必须采用三级配电系统；其三是必须采用漏电保护系统。

9.1.3 临时用电组织设计的主要内容

一个完整的建筑施工临时用电组织设计应包括现场勘测、负荷计算、变电所设计、配电线路设计、配电装置设计、接地设计、防雷设计、外电防护措施、安全用电与电气防火措施和施工用电工程设计施工图等。

1. 现场勘测

现场勘测工作包括调查、测绘施工现场的地形、地貌、地质结构，正式工程位置、电源位置、地上与地下管线和沟道位置，以及施工现场、周围环境、用电设备等。通过现场勘测可确定电源进线变电所、配电室、总配电箱、分配电箱、固定开关箱、物料和器具堆放位置，以及办公、加工与生活设施、消防器材位置和线路走向等。

2. 负荷计算

负荷计算主要是根据现场用电情况计算用电设备、用电设备组、配电线路以及作为供电电源的变压器或发电机的负荷。

负荷计算是选择电力变压器、配电装置、开关电器和导线、电缆的主要依据。

3. 变电所设计

变电所设计主要是选择和确定变电所的位置、变压器容量、相关配电室位置与配电装置布置、防护措施、接地措施、进线与出线方式以及与自备电源（发电机组）的联络方法等。

4. 配电线路设计

配电线路设计主要是选择和确定线路走向、配线种类（绝缘线或电缆）、敷设方式

(架空或埋地)、线路排列、导线或电缆规格以及周围防护措施等。

5. 配电装置设计

配电装置设计主要是选择和确定配电装置(配电柜、总配电箱、分配电箱和开关箱)的结构、电器配置、电器规格、电气接线方式和电气保护措施等。

6. 接地设计

接地设计主要是选择和确定接地类别、接地位置,以及根据对接地电阻值的要求选择自然接地体或设计人工接地体(计算确定接地体结构、材料、制作工艺要求和敷设要求等)。

7. 防雷设计

防雷设计主要是依据施工现场地域位置和其邻近设施防雷装置设置情况确定施工现场防直击雷装置的设置位置,包括避雷针、防雷引下线、防雷接地的确定。在设有专用变电所的施工现场内,除应确定设置避雷针防直击雷外,还应确定设置避雷器,以防感应雷电波侵入变电所内。

8. 外电防护措施

根据施工现场各种设施在施工作业过程中与邻近外电高、低压线路间的相对位置关系,确定是否搭设绝缘防护隔离屏障或遮栏。屏障或遮栏应采用有可靠机械强度的绝缘材料制作,保证在施工作业过程中不会被破坏,并能有效地与外电线路实现电气安全隔离。

9. 安全用电与电气防火措施

安全用电措施包括施工现场各类作业人员相关的安全用电知识教育和培训,可靠的外电线路防护,完备的TN-S接地、接零保护系统和漏电保护系统,配电装置合理的电器配置、装设和操作,以及定期检查维修、配电线路的规范化敷设等。

电气防火措施包括针对电气火灾的电气防火教育,依据负荷性质、种类、大小合理选择导线和开关电器,电气设备与易燃、易爆物的安全隔离,以及配备灭火器材、建立防火制度等。

10. 施工用电工程设计施工图

施工用电工程设计施工图包括供电总平面图和变配电所布置图、供电系统图、接地装置布置图等。

9.2 施工现场用电安全技术档案

9.2.1 施工现场用电安全技术档案的内容

按照《施工现场临时用电安全技术规范》JGJ 46—2005的规定,施工现场用电安全技术档案应包括以下几个方面：

1. 施工现场临时用电组织设计和修改变更的全部资料

包括与施工现场临时用电组织设计和修改变更相关的各项设计说明书和图纸，以及其编制、审查和审批表等资料。

2. 用电技术交底资料

用电技术交底资料是指施工现场用电工程施工前由施工单位工程项目技术人员向施工现场电工和用电人员所作的交底资料。

技术交底的内容应根据用电组织设计及其修改的总体意图和具体技术内容，结合施工现场实际特点和需要，重点强调安全用电措施、防护措施、电气防火措施，具体内容应包括以下几方面：

（1）电缆敷设的（架空、埋地、穿墙、室内）方式和具体要求。

（2）配电箱、开关箱的配置规格型号、设置（安装）位置和高度、防护要求等。

（3）接零、接地的位置和具体做法等。

（4）照明器具的安装。

（5）检查、检测、检验、调试的项目和具体要求。

（6）配电元器（气）件的更换。

（7）外电防护做法和具体要求。

（8）临时用电设施拆除方法、注意事项。

（9）配电箱、开关箱和用电设备、工具的使用、安全防护措施。

（10）个人防护用具的配备和使用。

（11）用电安全注意事项等。

为了体现技术交底资料的完整性和严肃性，技术交底的文字资料必须明确记录交底日期、时间，交底地点，交底人（签字），被交底人（签字）等。为了方便管理，技术交底资料宜采用表格的形式。

3. 临时用电验收记录

按照《建筑施工现场安全管理资料规程》DB37/T 5063—2016 的规定，临时用电验收记录应包括：临时用电验收表、漏电保护检测表、接地电阻检测表、绝缘电阻检测表。

（1）临时用电验收表

施工现场临时用电必须由施工总承包单位组织相关单位及相关人员验收，合格后方可使用，并填写表 9-1。监理工程师对验收资料及实物进行检查并签署意见。

临时用电验收表 **表 9-1**

<table>
<tr><td>工程名称</td><td colspan="2"></td><td colspan="2">施工单位</td><td colspan="2"></td></tr>
<tr><td colspan="7">资料检查</td></tr>
<tr><td rowspan="3">方案</td><td>5 台及以上设备或总容量在 50kW 及以上有用电组织设计并符合规范要求</td><td>□</td><td rowspan="3">经过审核</td><td rowspan="3">□</td><td rowspan="3">5 台以下设备或总容量在 50kW 以下有安全用电及防火措施</td><td rowspan="3">□</td></tr>
<tr><td>外电防护应有专项方案</td><td>□</td></tr>
<tr><td>由专业电气技术人员编制</td><td>□</td></tr>
<tr><td>人员</td><td colspan="6">电工________人，持证上岗________人。</td></tr>
<tr><td colspan="7">现场检查</td></tr>
<tr><td rowspan="2">外电防护</td><td>最小安全操作距离：1kV 以下：4m；1～10kV：6m；35～110kV：8m</td><td>□</td><td colspan="3">达不到最小安全操作距离时，采取有效防护措施并悬挂警告牌</td><td>□</td></tr>
<tr><td colspan="5">在外电架空线路正下方不得施工、建造临时设施或堆放材料物品</td><td></td></tr>
<tr><td rowspan="5">接零与接地</td><td>在施工现场专用的中性点直接接地的电力线路中，采用 TN-S 接零保护系统</td><td>□</td><td colspan="3">PE 线（保护零线）由工作接地线、配电室或总漏电保护器电源侧零线引出</td><td>□</td></tr>
<tr><td>电气设备不带电的金属外壳和配电箱体与 PE 线（保护零线）做电气连接</td><td>□</td><td colspan="3">PE 线为绿/黄双色绝缘多股铜芯线与电气设备连接线截面≥2.5mm²</td><td>□</td></tr>
<tr><td>PE 线与 N 线不混接，保护零线线路上严禁装设开关或熔断器，严禁通过工作电流</td><td>□</td><td colspan="3">保护零线在总配电箱处、配电系统中间处和末端处作重复接地</td><td>□</td></tr>
<tr><td>施工现场起重机、物料提升机、施工升降机、脚手架采取防雷措施，做防雷接地的设备，保护零线应同时做重复接地</td><td>□</td><td colspan="3">工作接地电阻≤4Ω，重复接地电阻值≤10Ω，防雷装置的冲击接地电阻值≤30Ω</td><td>□</td></tr>
<tr><td colspan="5">接地线采用 2 根以上导体，在不同点与接地体连接，接地体采用角钢、钢管或光面圆钢，不得采用螺纹钢</td><td></td></tr>
<tr><td rowspan="2">三级配电二级保护</td><td>使用总配电箱、分配电箱、开关箱三级配电</td><td>□</td><td colspan="3">总配电箱和开关箱装设漏电保护器，且参数匹配，灵敏可靠</td><td>□</td></tr>
<tr><td>漏电保护器安装在配电箱、开关箱隔离开关的负荷侧</td><td>□</td><td colspan="3">开关箱内的漏电保护器额定漏电动作电流≤30mA、潮湿环境下≤15mA；额定漏电动作时间<0.1s</td><td>□</td></tr>
<tr><td rowspan="3">电箱设置</td><td>配电箱、开关箱应符合 IP44、IP21 防护等级要求</td><td>□</td><td colspan="3">分配电箱与开关箱水平距离≤30m，开关箱与固定式用电设备水平距离≤3m</td><td></td></tr>
<tr><td>开关箱实行“一机一闸一漏”制动力、照明开关箱分设</td><td>□</td><td colspan="3">箱体用钢板或阻燃绝缘材料制作，箱体内设置系统接线图和分路标记，并有门、锁及防雨措施</td><td>□</td></tr>
<tr><td>配电箱内的电器安装在金属或非木质阻燃绝缘板上</td><td>□</td><td colspan="3">箱内分别设置 N 线和 PE 线端子板，N 线与 PE 线必须通过各自端子板连接</td><td>□</td></tr>
<tr><td rowspan="2">现场照明</td><td>隧道、高温、比较潮湿、手持照明灯等特殊场所使用 36V 及以下的安全电压照明</td><td>□</td><td colspan="3">电器、灯具的相线经过开关控制</td><td>□</td></tr>
<tr><td>照明变压器采用双绕组安全隔离变压器</td><td>□</td><td colspan="3">灯具金属外壳应接保护零线</td><td>□</td></tr>
</table>

续表

<table>
<tr><td>工程名称</td><td></td><td>施工单位</td><td></td></tr>
<tr><td rowspan="3">配电线路</td><td colspan="2">线路及接头应保证机械强度和绝缘强度，线路设有短路保护和过载保护，导线截面满足线路负荷电流</td><td>□</td></tr>
<tr><td colspan="2">电缆架空或埋地敷设，架空线路设在专用电杆上，用绝缘子固定，穿越建筑物加防护套管，严禁沿地面明设，严禁沿脚手架、树木敷设</td><td>□</td></tr>
<tr><td colspan="2">室内非埋地明敷主干线距地面高度不得小于 2.5m 或采取穿管防护措施</td><td>□</td></tr>
<tr><td>检查结论</td><td colspan="3">合格　　不合格

电工（签字）：　　项目安全负责人（签字）：
电气技术人员（签字）：　　项目负责人（签字）：
监理工程师（签字）：
验收日期：　　年　月　日</td></tr>
</table>

注：① 在“□”内，合格的打“√”，不合格的打“×”；缺项的留空不填。
② 临时用电工程必须经临时用电组织设计编制、审核、批准部门和使用单位共同验收，合格后方可投入使用。

（2）漏电保护检测表

项目部电工每月定期检测，并将测量结果填入表 9-2。

漏电保护检测表　　表 9-2

<table>
<tr><td colspan="2">施工单位</td><td colspan="2"></td><td>仪表型号</td><td colspan="2"></td></tr>
<tr><td colspan="2">工程名称</td><td colspan="2"></td><td>天气情况</td><td colspan="2"></td></tr>
<tr><td colspan="2">检测人</td><td colspan="2"></td><td>专职安全生产管理人员</td><td colspan="2"></td></tr>
<tr><td>序号</td><td colspan="2">用电设备</td><td>漏保型号</td><td>漏电动作电流（mA）</td><td>漏电动作时间（s）</td><td>按钮试验</td></tr>
<tr><td></td><td colspan="2"></td><td></td><td></td><td></td><td></td></tr>
<tr><td></td><td colspan="2"></td><td></td><td></td><td></td><td></td></tr>
<tr><td></td><td colspan="2"></td><td></td><td></td><td></td><td></td></tr>
<tr><td></td><td colspan="2"></td><td></td><td></td><td></td><td></td></tr>
<tr><td></td><td colspan="2"></td><td></td><td></td><td></td><td></td></tr>
<tr><td></td><td colspan="2"></td><td></td><td></td><td></td><td></td></tr>
<tr><td></td><td colspan="2"></td><td></td><td></td><td></td><td></td></tr>
<tr><td></td><td colspan="2"></td><td></td><td></td><td></td><td></td></tr>
<tr><td></td><td colspan="2"></td><td></td><td></td><td></td><td></td></tr>
<tr><td></td><td colspan="2"></td><td></td><td></td><td></td><td></td></tr>
<tr><td></td><td colspan="2"></td><td></td><td></td><td></td><td></td></tr>
<tr><td></td><td colspan="2"></td><td></td><td></td><td></td><td></td></tr>
<tr><td></td><td colspan="2"></td><td></td><td></td><td></td><td></td></tr>
<tr><td></td><td colspan="2"></td><td></td><td></td><td></td><td></td></tr>
<tr><td></td><td colspan="2"></td><td></td><td></td><td></td><td></td></tr>
<tr><td colspan="7">年　月　日</td></tr>
</table>

注：① 按钮试验，动作划“√”，不动作划“×”，漏电动作时间应≤0.1s。
② 漏电保护器应每月检测一次。

（3）接地电阻检测表

项目部电工每半年定期检测，并将测量结果填入表 9-3。

接地电阻检测表 **表 9-3**

工程名称		施工单位	
天气		气温（℃）	
检测人		专职安全生产管理人员	
仪表型号		检测时间	
检测项目	设备名称	接地位置	电阻值（Ω）
工作接地			
重复接地			
防雷接地			

注：① 工作接地电阻值应≤4Ω，重复接地电阻值应≤10Ω，防雷冲击接地电阻值应≤30Ω。

② 接地电阻应每半年检测一次。

（4）绝缘电阻检测表

项目部电工每半年定期检测，并将测量结果填入表9-4。

绝缘电阻检测表 **表9-4**

工程名称		施工单位	
天气		气温（℃）	
检测人		专职安全生产管理人员	
仪表型号		检测时间	年 月 日

序号	设备名称	型号规格	额定电压（V）	电阻值（MΩ）			
				外壳		相间	一、二次绕组间
				一次	二次		

注：① 变压器、电焊机以及绕线式电动机应检测一、二次绕组间绝缘电阻。
② 根据设备的绕组，填写一次测、二次测阻值。
③ 绝缘电阻应每半年检测一次。

9.2.2 施工现场用电安全技术档案管理

安全技术档案应由施工现场主管电气技术人员负责建立与管理，做到整理归档及时，内容齐全完备。其中“电工安装、巡检、维修、拆除工作记录”可指定电工代管，并且每周由项目负责人审核认可，待用电工程拆除后统一归档。

9.3 施工现场的安全用电

9.3.1 用电管理制度

1. 持证上岗制度

建筑电工属于特种作业人员，应年满18周岁，具有初中以上的文化程度，接受专门安全操作知识培训，经建设主管部门考核合格，取得“建筑施工特种作业操作资格证书”，方可在建筑施工现场从事临时用电作业。作为建筑电工应当遵守以下规定：

（1）每年须进行一次身体检查，没有色盲、听觉障碍、心脏病、梅尼疾病、癫痫、眩晕、突发性昏厥、断指等妨碍作业的疾病和缺陷。

（2）首次取得证书的人员实习操作不得少于3个月。否则，不得独立上岗作业。

（3）每年应当参加不少于24h的安全生产教育。

2. 检查验收制度

施工单位应制定施工现场临时用电安全检查和验收制度，明确工程项目施工用电管理人员、电气工程技术人员和各分包单位的电气负责人。

（1）对临时用电工程应进行定期检查，工程项目每月至少进行一次，施工单位每季至少进行一次。

（2）施工现场临时用电工程竣工后，必须经总包单位、分包单位、监理单位共同检查验收达标合格后，方可投入使用。

（3）工程项目应对所有用电设备和配电设备的漏电保护、接地电阻、绝缘电阻进行检测，漏电保护每月检测一次，接地电阻、绝缘电阻每半年检测一次。

（4）新购置的设备或搁置已久和经维修后重新投入使用的设备必须进行绝缘电阻测试，合格后方可使用。

3. 安全防护用具和检测仪器管理制度

（1）施工单位必须为电工作业人员配备合格的绝缘鞋（靴）、绝缘手套等个人安全防护用品。

（2）施工现场应配备万用表、兆欧表、接地电阻测试仪和漏电保护器测试仪等电工检测仪器。

（3）对安全防护用具和检测仪器必须进行定期检查、检验，凡不符合技术标准要求的，不得使用。

（4）电工作业人员应根据工作条件选用适当的安全用具，不得用其他工具代替安全防护用具；每次使用前必须进行检查，凡不合格的，不得使用。

（5）安全防护用具和电工检测仪器使用完毕，应擦拭干净，妥善保管，防止受潮、脏污和损坏。

4. 电工巡视制度

施工现场的电工每天对施工现场的用电设备、配电设备和配电线路进行巡视，巡视的工作内容包括：外电线路的防护是否符合定要求；电气设备的调试及接零保护、接地电阻、绝缘电阻和漏电保护器参数符合性；大型机械设备的防雷保护、电缆线路的短路保护和过载保护、室内配线的符合性；配电箱、开关箱使用的符合性；电气防火措施是否到位等。对施工现场巡视查看中存在的隐患应及时进行处理，对损毁的规电气设备和线路进行维修，并将作业和巡视情况记入“电工安装、巡检、维修、拆除工作记录”。

9.3.2 电工安全操作规程

1. 工作前，应对所有绝缘用具、检测仪表、安全装置和工具进行检查，禁止使用破损、失效的工具。

2. 作业时，正确使用安全帽、绝缘手套和绝缘鞋等安全防护用品。

3. 严禁酒后作业。

4. 安装用电设备、配电装置、敷设线路，应按照施工组织设计及有关电气安全技术规程安装和架设。必须符合规范、规程要求。

5. 使用电工工具和检测仪器时，必须严格遵守其操作规程。

6. 线路上禁止带负荷接电或断电，并禁止带电操作。

7. 检修用电设备或配电装置时避免带电作业，作业时先断开电源，并在刀闸处挂上“有人工作，禁止合闸”的警示牌。

8. 确需带电工作时，应采取以下安全防护措施：（1）由两人以上进行，有专人负责监护；（2）操作人员应穿长袖工作服，扣紧袖口；（3）工作时穿好绝缘鞋并站在绝缘垫或绝缘台上，使用合格的有绝缘柄的工具；（4）带电工作，禁止使用刀子、锉刀及金属尺等。

9. 高空作业时，必须系好安全带。登高作业，须有专人负责扶持梯子，工具、材料应使用绳索传递，禁止投扔；工具要妥善放置和保管，以免落下伤人。工作时，不允许其他人员在工作现场通行和逗留。

10. 在易燃易爆场所作业时，禁止明火动火，如确定需要应事先申请，经批准后方可动火。

11. 雷雨天气下严禁在室外作业和架空线路上作业。

12. 特别潮湿或危险场所严禁带电作业。

13. 配电箱、开关箱箱内不得放置工具等杂物。遇有临时停电或停工时，必须拉闸断电，锁好箱门。

14. 安装照明线路时，不得直接在板条天棚或隔声板上行走或堆放材料。因作业需要行走时，必须在大楞上铺设脚手板，天棚内照明应采用36V低压电源。

15. 漏电保护开关不得随意拆卸和调换零部件，以免改变原有技术参数。应经常检查试验，发现异常，必须立即查明原因并修复。

16. 熔断器的熔体更换时，严禁用不符合原规格的熔体或铁丝、铜丝、铁钉等金属体代替。

17. 在未确定电线是否带电的情况下，严禁用钢丝钳或其他工具同时切断两根及以上电线。

18. 严禁带电移动高于人体安全电压的设备，严禁手持高于人体安全电压的照明设备。

19. 移动式配电装置迁移位置时，必须先将其前一级电源隔离开关分闸断电，严禁带电搬运。

20. 手持式电动工具使用前必须做绝缘检查和空载检查，在绝缘合格、空载运转正常后方可使用；使用时，必须按规定穿戴绝缘防护用品。

21. 工作中所有拆除的电线要处理好，不立即使用的裸露线头须包好，以防发生触电。

22. 在巡视检查时如发现有故障或隐患，应立即报告项目负责人，然后采取全部停电或部分停电及其他临时性安全措施进行处理，避免事故扩大。

23. 电工必须熟练掌握触电急救方法，有人触电应立即切断电源，并按照触电急救方案实施抢救。

24. 正确使用消防器材，用电设备着火应立即将有关电源切断，然后视装置、设备及着火性质情况使用适合的灭火器或干沙灭火，严禁使用泡沫灭火器。

25. 所有绝缘、检验工具，应妥善保管，严禁他用，并应定期检查、检验。

26. 工作完成后，必须收好工具，清理工作场地，搞好卫生。

27. 建筑工程竣工后，临时用电工程拆除，应按顺序先断电源，后拆除，不得留有隐患。

9.3.3 安全用电措施

1. 安全用电组织措施

(1) 建立临时用电组织设计的编制、审查、批准制度及相应的档案，以保障用电工程的安全可靠。

(2) 建立安全技术交底制度及相应的档案。通过技术交底提高各类人员安全用电意识和水平。

(3) 建立电气安全检测制度。主要是检测接地电阻、电气设备绝缘电阻和漏电保护器额定漏电动作参数，并建立相应的档案。

(4) 建立电气巡检、维修、拆除制度。对巡检、维修、拆除工作要记录时间、地点、内容、技术措施、处理结果、相关人员（工作人员及验收人员或认可人员）等，并建立相应的档案。

(5) 建立用电安全教育培训制度。教育培训要记录教育时间、地点、人员、内容、效果等。通过教育培训提高各类相关人员安全用电基础素质。

(6) 建立安全检查评估制度。通过定期检查发现和处理隐患，对安全用电状况作出量化科学评估，并建立相应的档案。

（7）建立安全用电责任制，对用电工程各部位的操作、监护、检查、维修、迁移、拆除等分层次落实到人，并辅以必要的奖惩。

2. 安全用电技术措施

（1）所有进现场的变、配电装置，配电线缆和用电设备，必须预先经过检验、测试，合格后方可使用；不得采用有残缺、破损等问题的不合格产品。

（2）用电系统所有电气设备外露可导电部分必须与PE线做可靠电气连接。

（3）用电系统接地装置的设置和接地电阻值，必须符合规定。

（4）用电系统必须按规定设置短路、过载和漏电保护。

（5）配电装置必须装设端正、牢固，不得拖地放置；周围不得有杂物；进线端必须作固定连接，不得用插座、插头作活动连接；进出线上严禁搭、挂、压其他物体。

（6）配电线路不得明设于地面，严禁行人踩踏和车辆辗压；线缆接头必须连接牢固，并作防水绝缘包扎，严禁裸露带电线头，严禁徒手触摸和在钢筋、地面上拖拉带电线路。

（7）用电设备严禁溅水和浸水，已经溅水或浸水的用电设备必须停电处理；未断电时，严禁徒手触摸和打捞 。

（8）用电设备移位时，必须首先将其电源隔离开关分闸断电，严禁带电搬运；搬运时严禁拖拉其负荷线。

（9）照明灯具的型式和电源电压必须符合《施工现场临时用电安全技术规范》JGJ 46—2005关于使用场所环境条件的要求，严禁将220V碘钨灯作行灯使用。

（10）停电作业必须采取以下措施：

1）需要停电作业的设备或线路必须在其前一级配电装置中将相应电源隔离开关分闸断电，并悬挂醒目的停电标志牌，必要时还可加挂接地线；

2）停、送电指令必须由同一人下达。

3）送电前必须先行拆除加挂的接地线。

4）停、送电操作必须有二人进行，一人操作，一人监护，并应穿戴绝缘防护用品。

5）使用电工绝缘工具。

9.3.4 电气防火措施

1. 电气防火组织措施

（1）建立易燃易爆物、污源和腐蚀介质管理制度。

（2）建立电气防火责任制，加强电气防火重点场所烟火管制，并设置禁止烟火标志。

（3）建立电气防火教育制度，定期进行电气防火知识宣传教育，提高各类人员电气防火意识和电气防火知识水平。

(4) 建立电气防火检查制度，发现问题，及时处理，不留任何隐患。

(5) 建立电气火警预报制，做到防患于未然。

(6) 建立电气防火领导体系及电气防火队伍，并掌握扑灭电气火灾的方法。

(7) 制定电气防火措施，电气防火措施可与一般防火措施一并编制。

2. 电气防火技术措施

(1) 合理配置用电系统的短路、过载、漏电保护电器。

(2) 确保 PE 线连接点的电气连接可靠。

(3) 在电气设备和线路周围不堆放并清除易燃易爆物和腐蚀介质或做阻燃隔离防护。

(4) 不在电气设备周围使用火源，特别在变压器、发电机等场所严禁烟火。

(5) 在电气设备相对集中场所，如变电所、配电室、发电机室等场所配置可扑灭电气火灾的灭火器材。

(6) 按规定设置防雷装置。

9.4 建筑电工个人防护用品和用具

建筑电工使用的个人防护用品和用具较多，除安全帽、安全带、安全绳以及常用的电工工具外，还有绝缘鞋（靴）、绝缘手套、脚扣和梯子等。

9.4.1 绝缘鞋（靴）

绝缘鞋（靴）是使用绝缘材料制作的一种安全鞋，具有良好的绝缘性，在电工作业时穿着，能够有效防止触电。绝缘鞋（靴）的使用及保管应注意以下事项：

(1) 绝缘鞋（靴）不得当作雨鞋或作其他用，一般胶靴不能代替绝缘鞋（靴）使用。

(2) 绝缘鞋（靴）在每次使用前应进行外部检查，有破漏、砂眼的绝缘鞋（靴）禁止使用。

(3) 存放在干燥、阴凉的专用柜内，其上不得放压任何物品。

(4) 不得与油脂、溶剂接触。

(5) 合格与不合格的绝缘鞋（靴）不准混放，以免使用时拿错。

(6) 每半年对绝缘鞋（靴）试验一次，并登记，不合格的绝缘鞋（靴）应及时收回。

(7) 超试验期的绝缘鞋（靴）禁止使用。

9.4.2 绝缘手套

绝缘手套用橡胶、乳胶等材料制作而成，具有防电、防水、耐酸碱、防化、防油的功能。在低压交直流回路上带电工作，绝缘手套可以作为基本安全用具使用。绝缘手套的使用及保管应注意以下事项：

（1）每次使用前应进行外部检查，查看表面有无损伤、磨损或破漏、划痕等。如有砂眼漏气情况时，禁止使用。检查方法是：手套内部进入空气后，将手套朝手指方向卷曲，并保持密闭，当卷到一定程度时，内部空气因体积压缩，压力增大，手指膨胀，细心观察有无漏气。

（2）使用绝缘手套，不能抓拿表面尖利、带毛刺的物品，以免损伤绝缘手套。

（3）绝缘手套使用后应将沾在手套表面的脏污擦净、晾干。

（4）绝缘手套应存放在干燥、阴凉通风的地方，并倒置在指形支架或存放在专用的柜内。绝缘手套上不得堆压任何物品。

（5）绝缘手套不准与油脂、溶剂接触。

（6）合格与不合格的手套不得混放一处，以免使用时造成混乱。

（7）绝缘手套每半年试验一次，并登记，超试验周期的手套不准使用。

9.4.3 脚扣

脚扣也称脚爬，是攀登电杆的主要工具，分为木杆用脚扣和水泥杆用脚扣两种，木杆用脚扣的半圆环和根部均有突起的小齿，以便登杆时刺入杆中达到防滑的作用，水泥杆用脚扣的半圆环和根部装有橡胶套或橡胶垫来防滑。

脚扣可根据电杆的粗细不同，选择大号或小号。使用脚扣应注意以下事项：

（1）使用前应做外观检查，检查各部位是否有裂纹、腐蚀、开焊等现象。若有，不得使用。平常每月还应进行一次外表检查。

（2）登杆前，使用人应对脚扣做人体冲击检验，检验方法为将脚扣系于电杆离地0.5 m左右处，借人体重量猛力向下蹬踩，脚扣及脚套不应有变形及任何损坏后方可使用。

（3）按电杆的直径选择脚扣大小，并且不准用绳子或电线代替脚扣绑扎鞋子。

（4）脚扣不准随意从杆上往下摔扔，作业前后应轻拿轻放，并妥善存放在工具柜内。

（5）脚扣应按有关技术规定每年试验一次。

9.4.4 梯子

梯子是电工作业常用的登高工具，分为直梯和人字梯两种，直梯和人字梯又分为可伸缩型和固定长度型，一般用优质木材、竹子、铝合金及高强度绝缘材料等制成，直梯通常用于户外登高作业，人字梯通常用于室内登高作业。

梯子的两脚应有胶皮套之类的防滑材料，人字梯应在中间绑扎两道防止自动滑开的防滑拉绳。登梯作业时应注意以下事项：

（1）为了避免梯子向背后翻倒，其梯身与地面之间的夹角不大于80°，为了避免梯子后滑，梯身与地面之间的夹角不得小于70°。

（2）用梯子作业时一人在上工作，一人在下面扶稳梯子，不许两人上梯，不许带人移动梯子，使用的梯子下部要有防滑措施。

（3）伸缩调整长度后，要检查防下滑铁卡是否到位起作用，并系防滑绳。人字梯使用时中间绑扎的防自动滑开的绳子要系好，人在上面时不准调整长度。

（4）在梯子上作业时，梯顶一般不应低于作业人员的腰部，或作业人员在距梯顶不小于1m的踏板上作业，以防朝后仰面摔倒。

（5）登在人字梯上操作时，不能采取骑马式站立，以防人字梯自动滑开时造成失控摔伤。

（6）在部分停电或不停电的作业环境下，应使用绝缘梯。

（7）在设备区域或距离运行设备较近时，梯子应由两人平抬，不准一人肩扛梯子，以免触及电气设备发生事故。

9.5 触电现象

当人体接触电气设备或电气线路的带电部分，并有电流流经人体时，人体将会因电流刺激而产生危及生命的所谓医学效应，这种现象称为人体触电。

9.5.1 触电的种类

触电事故是由电流能量造成的对人体的伤害，可分为电击和电伤两种情况。

1. 电击

电击是电流通过人体内部，破坏人的心脏、神经系统、肺部的正常工作造成的伤害。人身触及带电的导线、漏电设备的外壳或其他带电体，以及由于雷击或电容器放电，都可能导致电击。

2. 电伤

电伤是电流的热效应、化学效应及机械效应对人体外部造成的局部伤害，包括电弧烧伤、烫伤、电烙印等。

9.5.2 触电的方式

绝大部分触电事故是电击造成的，通常所说的触电事故基本上是对电击而言的。按照人体触及带电体的方式和电流通过人体的途径，触电可以分为以下几种情况。

1. 直接接触触电

（1）单相触电

当人体直接碰触带电设备其中的一相时，电流通过人体流入大地，这种触电现象称为单相触电。对于高压带电体，人体虽未直接接触，但由于超过了安全距离，高电压对人体放电，造成单相接地而引起的触电，也属于单相触电。

低压电网通常采用变压器低压侧中性点直接接地和中性点不直接接地的接线方式，这两种接线方式发生单相触电的情况如图 9-1 所示。

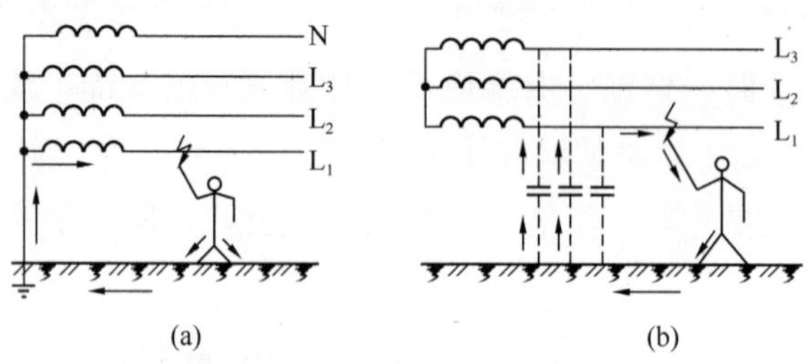

图 9-1　单相触电示意图

(a) 中性点直接接地单相触电；(b) 中性点不直接接地单相触电

另外，电焊机和焊接回路（二次线回路）客观上也存在着触电危险，电焊过程中人体与二次线接触，电流作用于人体，电焊机空载电压一般在 50～90V，而安全电压最高等级为 42V，空载电压高于安全电压，这是电焊机二次线最主要的不安全因素。

（2）两相触电

人体同时接触带电设备或线路中的两相导体，或在高压系统中，人体同时接近不同相的两相带电导体，而发生电弧放电，电流从一相导体通过人体流入另一相导体，构成一个闭合回路，这种触电方式称为两相触电，如图 9-2 所示。

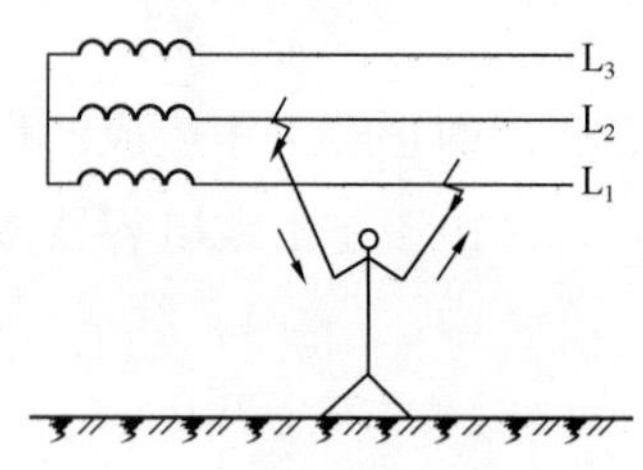

图 9-2　两相触电示意图

发生两相触电时，作用于人体上的电压等于线电压，触电后果往往很严重。两相触电一般比单相触电事故少一些。

2. 间接接触触电

当电气设备的绝缘防护在运行中发生故障而损坏时，使电气设备在正常工作状态下本来不带电的外露金属部件（外壳、构架、护罩等）呈现危险的对地电压，当人体触及这些金属部件时，就构成间接触电，亦称为接触电压触电。

根据历年来触电伤亡事故的统计分析，在低压配电系统中，触电伤亡事故主要是间接接触所引起的。因此，防止间接触电事故是减少触电事故的重要方面。

3. 跨步电压触电

实际上跨步电压触电也是属于间接触电形式。当两脚跨在为接地电流所确定的各种电位的地面上，且其跨距为 0.8m 时，两脚间的电位差，称为跨步电压，由跨步电压造成的触电称为跨步电压触电，见图9-3。

人体受到跨步电压触电时，电流是沿着人的下身，从一只脚到另一只脚与大地形成回路，使双脚发麻或抽筋并很快倒地。跌倒后由于头脚之间的距离大，使作用于人身体上的电压增高，电流相应增大，并有可能使电流通过人体内部重要器官而出现致命的危险。

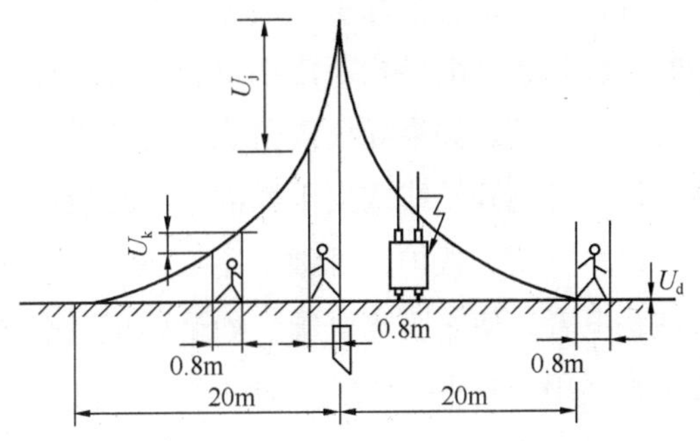

图 9-3 跨步电压触电示意图

9.5.3 防触电措施

在低压系统中，将电气设备的金属基座、金属外壳做保护接零或保护接地，并在电气线路上装设漏电电流动作保护器，就是为了防止低压触电事故。而在高压电源周围设置围栏或遮栏，则是为了防止高压触电事故。

9.6 触电急救

在保护措施不完备的情况下，人体触电伤害事故是极易发生的。人触电以后，会出现神经麻痹、呼吸困难、血压升高、昏迷、痉挛，直至呼吸中断、心脏停搏等现象，呈现昏迷不醒的状态。如果未见明显的致命外伤，就不能轻率地认定触电者已经死亡，而应该看作是“假死”，施行急救。

有效的急救在于快而得法，即用最快的速度，施以正确的方法进行现场救护。多数触电者在有效的急救下是可以救活的。触电急救的第一步是使触电者迅速脱离电源，第二步是现场救护。

9.6.1 脱离电源

电流对人体的作用时间越长，对生命的威胁越大。所以，触电急救的关键是要使触电者迅速脱离电源。可根据具体情况，选用以下几种方法使触电者脱离电源。

1. 脱离低压电源的方法

脱离低压电源的方法可用“拉”“切”“挑”“拽”和“垫”五字来概括。

(1)“拉”。指就近拉开电源开关、拔出插销。此时应注意拉线开关和扳把开关是单极的，只能断开一根导线。有时由于安装不符合要求，把开关安装在零线上，这时虽然断开了开关，人身触及的导线可能仍然带电，这就不能认为已切断电源。

(2)“切”。指用带有绝缘柄的利器切断电源线。当电源开关或插座距离触电现场较远时，可用带有绝缘手柄的电工钳或有干燥木柄的斧头、铁锹等利器将电源线切断。切断时应防止带电导线断落触及周围的人体。多芯绞合线应分相切断，以防短路伤人。

（3）“挑”。如果导线搭落在触电者身上或被触电者压在身下，这时可用干燥的木棒、竹竿等挑开导线或用干燥的绝缘绳套拉导线或触电者，使之脱离电源。

（4）“拽”。救护人可戴上手套或在手上包缠干燥的衣服、围巾、帽子等绝缘物品拖拽触电者，使之脱离电源。如果触电者的衣裤是干燥的，又没有紧缠在身上，救护人可直接用一只手抓住触电者不贴身的衣裤，将触电者拉脱电源。但要注意拖拽时切勿触及触电者的皮肤。救护人亦可站在干燥的木板、木桌椅或橡胶垫等绝缘物品上，用一只手把触电者拉脱电源。

（5）“垫”。如果触电者由于痉挛手指紧握导线或导线缠绕在身上，救护人可先用干燥的木板塞进触电者身下使其与地绝缘来隔断电源，然后再采取其他办法把电源切断。

2. 脱离高压电源的方法

由于高压电源电压等级高，一般绝缘物品不能保证救护人的安全，而且高压电源开关距离现场较远，不便拉闸。因此，使触电者脱离高压电源的方法与脱离低压电源的方法有所不同，通常的做法是：

（1）立即电话通知有关供电部门拉闸停电。

（2）如电源开关离触电现场不太远，则可戴上绝缘手套，穿上绝缘鞋（靴），拉开高压断路器，或用绝缘棒拉开高压跌落保险以切断电源。

（3）如果触电者触及断落在地上的带电高压导线，且尚未确证线路无电之前，救护人不可进入断线落地点8～10m的范围内，以防止跨步电压触电。进入该范围的救护人员应穿上绝缘鞋（靴）或临时双脚并拢跳跃地接近触电者。触电者脱离带电导线后应迅速将其带至8～10m以外立即开始触电急救。只有在确保线路已断电的情况下，才可在触电者离开触电导线后就地急救。

3. 在使触电者脱离电源时应注意的事项

（1）救护人不得采用金属和其他潮湿的物品作为救护工具。

（2）未采取绝缘措施前，救护人不得直接触及触电者的皮肤和潮湿的衣服。

（3）在拉拽触电者脱离电源的过程中，救护人宜用单手操作，这样对救护人比较安全。

（4）当触电者位于高位时，应采取措施预防触电者在脱离电源后坠地摔伤。

（5）夜间发生触电事故时，应考虑切断电源后的临时照明问题，以利救护。

9.6.2 现场救护

触电者脱离电源后，应立即就地进行抢救。“立即”之意就是争分夺秒，不可贻误；“就地”之意就是不能消极地等待医生的到来，而应在现场施行正确救护的同时，派人通知医务人员到现场，并做好将触电者送往医院的准备工作。根据触电者受伤害的轻重程度，现场救护有以下几种抢救措施：

1. 触电者未失去知觉的救护措施

如果触电者所受的伤害不太严重，神志尚清醒，只是心悸、头晕、出冷汗、恶心、呕吐、四肢发麻、全身乏力，甚至一度昏迷，但未失去知觉，则应让触电者在通风、暖和的处所静卧休息，并派人严密观察，同时请医生前来或送往医院诊治。

2. 触电者已失去知觉（心肺正常）的抢救措施

如果触电者已失去知觉，但呼吸和心跳尚正常，则应使其舒适地平卧着，解开衣服以利呼吸，四周不要围人，保持空气流通，冷天应注意保暖，同时立即请医生前来或送往医院诊察。若发现触电者呼吸困难或心跳失常，应立即施行人工呼吸或胸外心脏按压。

3. 对"假死"者的急救措施

如果触电者呈现"假死"（即所谓电休克）现象，则可能有三种临床症状：一是心跳停止，但尚能呼吸；二是呼吸停止，但心跳尚存（脉搏很弱）；三是呼吸和心跳均已停止。"假死"症状的判定方法是"看""听""试"。

"看"是观察触电者的胸部、腹部有无起伏动作。

"听"是用耳贴近触电者的口鼻处，听他有无呼气声音。

"试"是用手或小纸条试测口鼻有无呼吸的气流，再用两手指轻压一侧（左或右）喉结旁凹陷处的颈动脉有无搏动感觉。

如"看""听""试"的结果是既无呼吸又无颈动脉搏动，则可判定触电者呼吸停止或心跳停止或呼吸、心跳均停止。"看""听""试"的操作方法如图 9-4 所示。

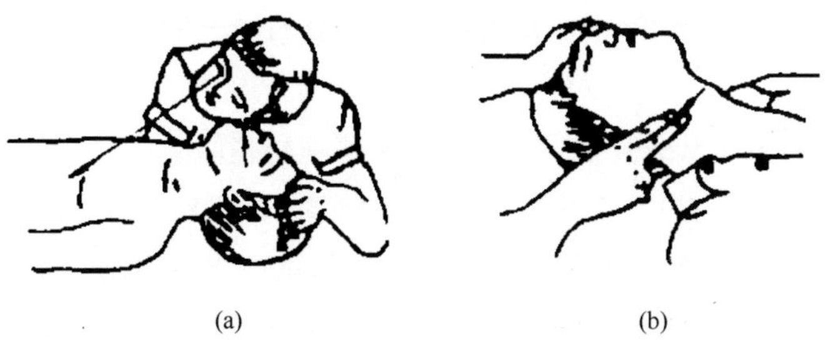

(a) (b)

图 9-4 对"假死"者的"看、听和试"判定方法

(a) 看、听；(b) 试

当判定触电者呼吸和心跳停止时，应立即按心肺复苏法就地抢救。所谓心肺复苏法就是支持生命的三项基本措施，即通畅气道、口对口（鼻）人工呼吸、胸外按压（人工循环）。

(1) 通畅气道

若触电者呼吸停止，重要的是要始终确保气道通畅，其操作要领是：

1）清除口中异物。使触电者仰面躺在平硬的地方，迅速解开其领扣、围巾、紧身衣和裤带。如发现触电者口内有食物、假牙、血块等异物，可将其身体及头部同时侧转，迅速用一个手指或两个手指交叉从口角处插入，从中取出异物，操作中要注意防止将异物推到咽喉深处。

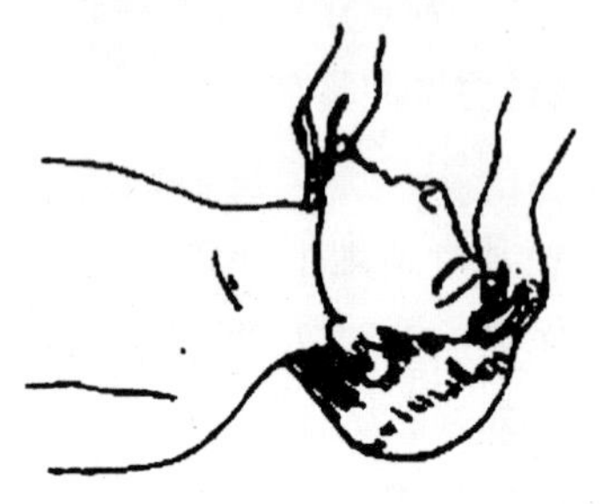

图 9-5　仰头抬颌法

2）采用仰头抬颌法通畅气道。如图 9-5 所示，操作时，救护人用一只手放在触电者前额，另一只手的手指将其颌骨向上抬起，两手协同将头部推向后仰，舌根自然随之抬起、气道即可畅通。为使触电者头部后仰，可于其颈部下方垫适量厚度的物品，但严禁用枕头或其他物品垫在触电者头下，因为头部抬高前倾会阻塞气道，还会使施行胸外按压时流向脑部的血量减小，甚至完全消失。

（2）口对口（鼻）人工呼吸

救护人在完成气道通畅的操作后，应立即对触电者施行口对口或口对鼻人工呼吸。口对口人工呼吸，如图 9-6 所示。口对鼻人工呼吸用于触电者嘴巴紧闭的情况。人工呼吸的操作要领如下：

1）先大口吹气刺激起搏，救护人蹲跪在触电者的左侧或右侧；用放在触电者额上的手的手指捏住其鼻翼，另一只手的食指和中指轻轻托住其下巴；救护人深吸气后，与触电者口对口紧合，在不漏气的情况下，先连续大口吹气 2 次，每次 1～1.5s；然后用手指试测触电者颈动脉是否有搏动，如仍无搏动，可判断心跳确已停止，在施行人工呼吸的同时应进行胸外按压。

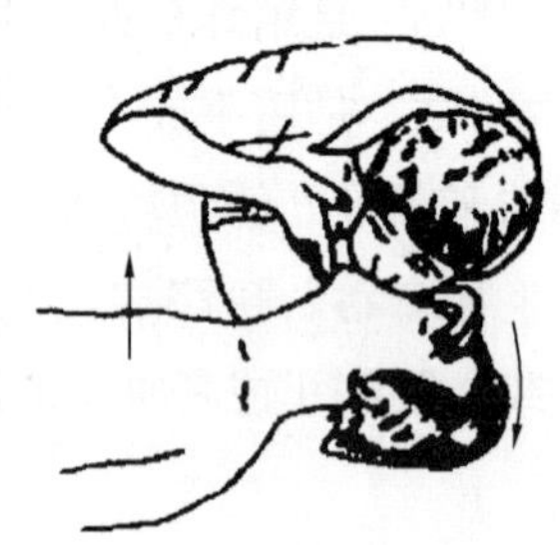

图 9-6　口对口人工呼吸

2）正常口对口人工呼吸，大口吹气 2 次试测颈动脉搏动后，立即转入正常的口对口人工呼吸阶段。正常的吹气频率是每分钟约 12 次。吹气量不需过大，以免引起胃膨胀。救护人换气时，应将触电者的鼻或口放松，让他借自己胸部的弹性自动吐气。吹气和放松时要注意触电者胸部有无起伏的呼吸动作。吹气时如有较大的阻力，可能是头部后仰不够，应及时纠正，使气道保持畅通。

3）触电者如牙关紧闭，可改用口对鼻人工呼吸。吹气时要使触电者嘴唇紧闭，防止漏气。

（3）胸外按压

胸外按压是借助人力使触电者恢复心脏跳动的急救方法。其有效性在于选择正确的按压位置、采取正确的按压姿势和恰当的按压频率。

1）确定正确的按压位置

右手的食指和中指沿触电者的右侧肋弓下缘向上，找到肋骨和胸骨接合处的中点，如图 9-7（a）所示。右手两手指并齐，中指放在切迹中点（剑突底部），食指平放在胸骨下部，另一只手的掌根紧挨食指上缘置于胸骨上，掌根处即为正确按压位置，如图 9-7（b）所示。

2）正确的按压姿势

使触电者仰面躺在平硬的地方并解开其衣服，仰卧姿势与口对口（鼻）人工呼吸法相同。救护人立或跪在触电者一侧肩旁，两肩位于触电者胸骨正上方，两臂伸直，肘关节固定不屈，两手掌相叠，手指翘起，不接触触电者胸壁。以髋关节为支点，利用上身的重力，垂直将正常成人胸骨压陷 3～5cm。压至要求程度后，立即全部放松，但救护人的掌根不得离开触电者的胸壁。

按压姿势与用力方法见图 9-8。按压有效的标志是在按压过程中可以触到颈动脉搏动。

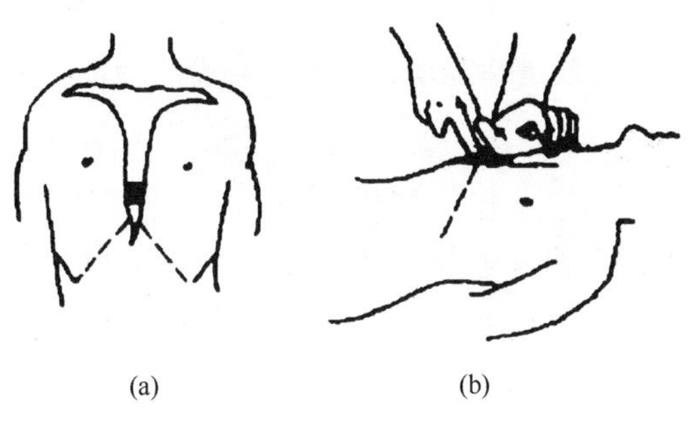

图 9-7 胸外按压的位置

(a) 肋骨和胸骨结合处的中点；(b) 正确的挤压位置

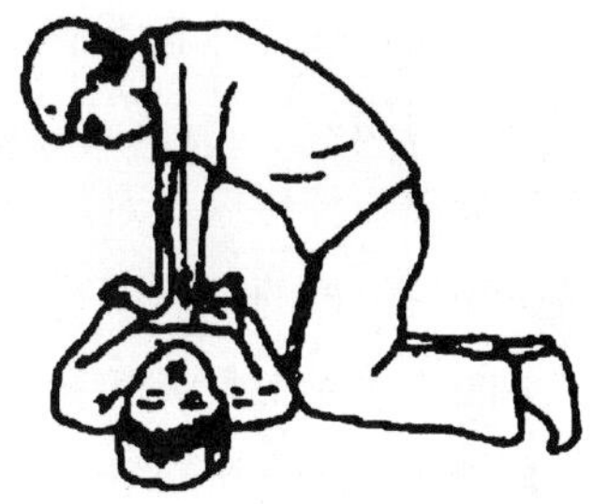

图 9-8 按压姿势与用力方法

3）恰当的按压频率

胸外按压要以均匀速度进行。操作频率以每分钟 80 次为宜，每次包括按压和放松一个循环，按压和放松的时间相等。当胸外按压与口对口（鼻）人工呼吸同时进行时，操作的节奏为：单人救护时，每按压 15 次后吹气 2 次（15∶2），反复进行；双人救护时，每按压 15 次后由另一人吹气 1 次（15∶1），反复进行。

4. 现场救护中的注意事项

（1）抢救过程中应适时对触电者进行再判定

1）按压吹气 1min 后（相当于单人抢救时做了 4 个 15∶2 循环），应采用“看、听、试”方法在 5～7s 内完成对触电者是否恢复自然呼吸和心跳的再判断。

2）若判定触电者已有颈动脉搏动，但仍无呼吸，则可暂停胸外按压，而再进行 2 次口对口人工呼吸，接着每隔 5s 吹气一次（相当于 12 次/min）。如果脉搏和呼吸仍未能恢复，则继续坚持心肺复苏法抢救。

3）在抢救过程中，要每隔数分钟用“看、听、试”方法再判定一次触电者的呼吸和脉搏情况，每次判定时间不得超过5～7s。在医务人员未前来接替抢救前，现场人员不得放弃现场抢救。

（2）抢救过程中移送触电伤员时的注意事项

1）心肺复苏应在现场就地坚持进行，不要图方便而随意移动触电伤员，如确有需要移动时，抢救中断时间不应超过30s。

2）移动触电者或将其送往医院，应使用担架并在其背部垫以木板，不可让触电者身体蜷曲着进行搬运。移送途中应继续抢救，在医务人员未接替救治前不可中断抢救。

3）应创造条件，用装有冰屑的塑料袋制成帽状包绕在伤员头部，露出眼睛，使脑部温度降低，争取触电者心、肺、脑能得以复苏。

（3）触电者好转后的处理

如触电者的心跳和呼吸经抢救后均已恢复，可暂停心肺复苏法操作，但心跳呼吸恢复的早期仍有可能再次骤停，救护人应严密监护，不可麻痹，要随时准备再次抢救。触电者恢复之初，往往神志不清、精神恍惚或情绪躁动、不安，应设法使他安静下来。

（4）慎用药物

人工呼吸和胸外按压是对触电“假死”者的主要急救措施，任何药物都不可替代。无论是兴奋呼吸中枢的可拉明、洛贝林等药物，还是有使心脏复跳的肾上腺素等强心针剂，都不能代替人工呼吸和胸外心脏按压这两种急救办法。对触电者用药或注射针剂，应由有经验的医生诊断确定，慎重使用。

此外，禁止采取冷水浇淋、猛烈摇晃、大声呼唤或架着触电者跑步等“土”办法刺激触电者的举措，因为人体触电后，心脏会发生颤动，脉搏微弱，血流混乱，如果在这种险象下用上述办法强烈刺激心脏，会使触电者因急性心力衰竭而死亡。

（5）触电者死亡的认定

对于触电后失去知觉、呼吸心跳停止的触电者，在未经心肺复苏急救之前，只能视为“假死”。任何在事故现场的人员，一旦发现有人触电，都有责任及时和不间断地进行抢救。有抢救近5h终使触电者复活的实例，因此，抢救时间应持续6h以上，直到救活或医生作出触电者已临床死亡的认定为止。

只有医生才有权认定触电者已死亡，宣布抢救无效，否则就应本着人道精神坚持不懈地运用人工呼吸和胸外按压对触电者进行抢救。

9.6.3 电伤的处理

电伤是触电引起的人体外部损伤（包括电击引起的摔伤）、电灼伤、电烙伤、皮肤金属化这类组织损伤，需要到医院治疗。但现场也必须预作处理，以防止细菌感染，损伤扩大。这样，可以减轻触电者的痛苦和便于转送医院。

(1) 对于一般性的外伤创面，可用无菌生理食盐水或清洁的温开水冲洗后，再用消毒纱布、防腐绷带或干净的布包扎，然后将触电者护送去医院。

(2) 如伤口大出血，要立即设法止住。压迫止血法是最迅速的临时止血法，即用手指、手掌或止血橡皮带在出血处供血端将血管压瘪在骨骼上而止血，同时迅速送医院处置。如果伤口出血不严重，可用消毒纱布或干净的布料叠几层盖在伤口处压紧止血。

(3) 高压触电造成的电弧灼伤，往往深达骨骼，处理十分复杂。现场救护可用无菌生理盐水或清洁的温开水冲洗，再用酒精全面涂擦，然后用消毒被单或干净的布类包裹好送往医院处理。

(4) 对于因触电摔跌而骨折的触电者，应先止血、包扎，然后用木板、竹竿、木棍等物品将骨折肢体临时固定并速送医院处理。

9.6.4 触电急救模拟人的使用

触电急救模拟人是训练救助人触电等"假死"的较好器具，当前，触电急救模拟人的规格型号较多，下面仅以 KAR/CPR580 液晶彩显高级电脑心肺复苏模拟人为例，介绍触电急救模拟人的使用。

如图 9-9 所示，为 KAR/CPR580 液晶彩显高级电脑心肺复苏模拟人。

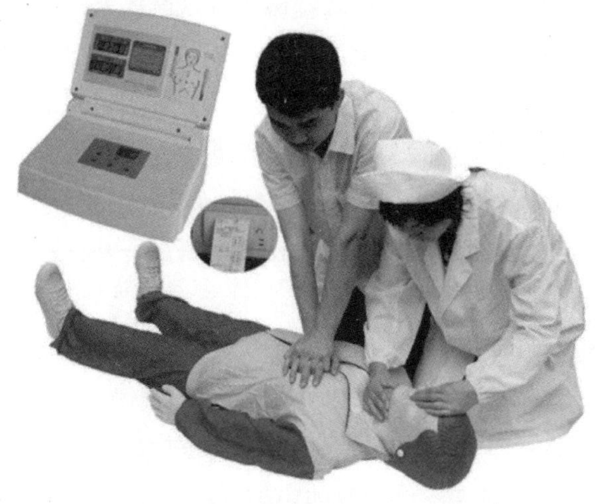

图 9-9 KAR/CPR580 液晶彩显高级电脑心肺复苏模拟人

1. 触电急救模拟人安装过程

先将模拟人从皮箱内取出，把模拟人平躺仰卧在操作台上，另将电脑显示器连接电源线，外接电源线从皮箱内取出，再与人体进行连接，将电脑显示器与 220V 电源接好，即完成连线过程。

2. 操作前功能设定及使用方法

完成连线过程后，即打开电脑显示器后面总电源开关，随之有语言提示："欢迎使用本公司产品，请选择工作方式。”工作方式有训练、单人和双人三种可选择。选择好工作方式后，又有语言提示：“请选择工作频率。”工作频率有 100 次/min、120 次/min 两种选择。选择好频率后，自动设定操作时间，开机时间为 250s 顺计时。单人、双人考核时间设定，专业人员一般为 90s 或 120s。时间自动设定后又有语言提示“请按启动按钮”，接着又有语音提示“先打开气道吹气”。这时操作时间内的顺计时开始计时即可进行操作。

设备具有复位和打印功能：

（1）复位键功能：即选定工作方式，按程序操作，操作不成功或其他原因需重新操作时，按一下复位键重新按当前工作程序操作。如需更改工作方式操作，应先关掉显示器后面总电源开关，重新打开电源，即可重新设定工作方式及其他操作步骤，开始操作。

（2）打印键功能：单人、双人考核结束，可进行成绩打印。有按压、吹气正确错误次数，所需操作时间等功能打印，以供考试成绩评定及存档。在操作前，先检查打印出口，打印纸是否露出打印口，如没有，可按打印键，将打印纸露出打印口，以便操作结束后顺利进行成绩打印。可打开后盖板，取出打印机，更换打印纸。

3. 操作过程中必须要掌握规范动作及注意事项

（1）气道放开——将模拟人平躺仰卧，操作时，操作人一只手两指捏鼻，另一只手伸入后颈下或托下巴将头托起往后仰 70°～90°，形成气道放开，便于人工呼吸，气道通气。

（2）正确、错误人工呼吸功能提示——首先进行人工口对口吹气。正确口吹气吹入潮气量达 500～1000mL，人体吹气正确，吹气正确数码计数 1 次。错误口对口吹气，吹入潮气量不足 500mL 或大于 1000mL，人体吹气错误，吹气错误数码计数 1 次，并有语言提示等，须纠正错误后再操作。

（3）正确、错误按压的功能提示——按压位置：首先找准胸部正确位置，即胸骨下切迹上两指胸骨正中部（胸口剑突向上两指处）为正确按压区，双手交叉叠在一起，手臂垂直于模拟人胸部按压区，进行胸外按压。如按压区按压位置正确，按压强度正确（正确胸外按压深度 4～5cm），人体按压指示灯正确，正确按压数码计数 1 次；如按压位置错误有语言提示。按压强度错误（按压的深度小于 4cm 或大于 5cm），按压不足、过大，按压错误数码计数 1 次，也有语言提示等，这时须纠正错误后再操作。

4. 操作方式

（1）训练练习

此项操作是让初学人员熟练掌握操作基本要领及各项步骤。学员做好操作前的各项功能设定，顺计时开始后，首先进行气道放开，然后先口对口吹气或先胸外按压都可以，操作正确错误有各类功能数码显示及语言提示。当在设定的时间内顺计时到 250

时停机，按打印键，即打印出训练练习成绩报告单（包括日期，姓名，学号，序号，所需时间，吹气的正确、错误次数与按压正确、错误次数等），以备考试成绩评定及存档。

（2）单人考核

此项是考核学员单人操作成绩是否及格的标准，所以学员要在熟练操作的基础上按标准操作程序进行考试。首先，将模拟人气道放开，人工口对口正确吹气 2 次。然后，按单人国际抢救标准比例 30∶2，即正确胸外按压 30 次（不包括错误按压次数在内）、正确人工呼吸口吹气 2 次（不包括错误吹气次数在内）而进行胸外按压与人工呼吸。要求在考核标准设定的时间内，连续操作完成 30∶2 的 5 个循环，最后正确按压次数显示 150 次，正确吹气次数共计显示为 12 次（包括最先气道放开时，吹入的 2 次计数），即完成单人操作过程。如在规定的时间内不能完成，操作即告失败，需要重新进行，这时可轻按一下复位键，重新开始考核操作。成功完成单人操作过程后，模拟人随之自动播放音乐，颈动脉连续搏动、心脏自动发出恢复跳动声音、瞳孔由原来的散大自动缩小恢复正常，说明人被救活。按打印键即可打印单人操作成绩报告单（包括日期，姓名，学号，序号，所需时间，吹气正确、错误次数与按压正确、错误的次数等），以供考核成绩评定及存档。操作中，若出现操作错误或不按操作程序进行，会有语言提示，成绩有记录，此时不用停机，调整正确后可继续操作。

单人考核按考试标准，电脑程序操作的规范步骤为：

1）把模拟人放平，头往后仰 70°～90°，形成气道放开，正确人工吹气 2 次（显示器上显示正确吹气 2 次）。

2）进行单人正确胸外按压 30 次（显示器上显示按压为 30）。

3）进行单人正确人工吹气 2 次（显示器上显示正确吹气为 4 次，包括第 1 步中的 2 次吹气）。

4）连续进行正确胸外按压 30 次、正确人工呼吸 2 次（即 30∶2）的 4 个循环（包括第 2 步、第 3 步的一个循环在内）。

5）显示器上显示正确按压为 150，显示正确吹气为 12，即告单人操作按程序操作成功，随之自动奏响音乐，颈动脉连续搏动，心脏自动发出恢复跳动声音，瞳孔由原来的散大自动缩小，说明人被救活。

（3）双人考核

此项操作是考核学员双人操作成绩是否及格的标准，所以学员要在熟练操作的基础上按标准操作程序进行考试。首先将模拟人气道放开，人工口对口正确吹气 2 次。然后，按双人国际抢救标准比例 30∶2，即正确胸外按压 30 次（不包括错误按压次数在内），正确人工呼吸口吹气 2 次（不包括错误吹气次数在内）进行胸外按压与人工呼吸。要求在考核标准设定的时间内连续操作完成 30∶2 的 5 个循环。最后按压次数显示共计150次，吹气次数显示共计为12次（包括最先气道放开时吹入的2次计数），即可成功完成双人操作过程。如在规定的时间内不能完成，操作即告失败，须重新进行，这时轻按一下复位键，重新开始考核操作。成功完成双人操作过程后，模拟人随之自动奏响音乐，颈动脉连续搏动、心脏自动发出恢复跳动声音、瞳孔由原来的散大自动缩小恢复正常，说明人被救活。按打印键即可打印双人操作成绩报告单（包括日期，姓名，学号，序号，所需时间，吹气正确、错误次数与按压正确、错误的次数等），以供考核成绩评定及存档。操作中，若出现错误或不按操作程序进行，会有语言提示，成绩有记录，此时不用停机，调整正确后可继续操作。

双人考核按考试标准，电脑程序操作的规范步骤为：

1）把模拟人放平，头往后仰70°～90°，形成气道放开，正确人工吹气2次（显示器上显示正确吹气为2次）。

2）进行双人正确胸外按压30次（显示器上显示正确按压为30）。

3）进行单人正确人工吹气2次（显示器上显示正确吹气为4，包括第1步中的2次吹气）。

4）连续进行正确胸外按压30次，正确人工呼吸2次（即30∶2）的4个循环（包括第2步、第3步的一个循环在内）。

5）显示器上显示正确按压为150，显示正确吹气为12，即告双人操作按程序操作成功，随之自动奏响音乐，颈动脉连续搏动，心脏自动发出恢复跳动声音，瞳孔由原来的散大自动缩小，说明人被救活。

10 常见电气故障、事故隐患与事故案例

10.1 建筑施工电气故障的检查与维修

建筑施工现场使用的施工用电设备、配电设备、配电线路等，因工作环境较差，并经常搬动、拆装频繁，出现产生故障。因此，需要电工熟练掌握排除电气故障的技巧，保证供电系统正常运行。

10.1.1 常见电气故障

电气故障，是指由于直接的或间接的原因使建筑施工现场使用的用电设备、配电设备、配电线路的电气工作性能被破坏。

常见的电气故障主要有以下几种：

1. 电动机故障

电动机的故障主要有轴承松动和磨损，绕组断路和短路，线头接错，负荷过重，转子振动，机械卡死等，这些故障的结果将导致电动机负荷电流增大，温升过高，转子不转或转动状态不正常等。

2. 手动开关故障

按钮开关、转换开关、闸刀开关等各种类型手动开关的故障主要是机构部分松脱和触头接触不良等。

3. 继电器和接触器故障

继电器和接触器的一般故障为触头烧坏、氧化而导致触头间电接触不良。另外由于其内部机构位置偏移或弹簧松脱也可能产生触头电接触不良的故障。对于交流接触器还可能因短路环断裂而造成铁芯强烈振动。

4. 断路器故障

断路器的一般故障为操动失灵，绝缘故障，开断、关合性能不良，导电性能不良。

5. 变压器故障

变压器的故障多为线圈短路或断路，绕组间绝缘击穿，是由于过电压、过负荷、过热、受潮、受腐蚀等原因使绝缘强度降低所致。

6. 半导体器件故障

半导体器件故障一般是自身失效，极间击穿，也常因供电电源和负载线路的故障而损坏。

7. 电阻器和电位器故障

电阻器由于流过的电流过大会造成烧坏断路的故障。电位器易发生活动接点接触不良，转轴不灵活，或因通过电流较大而损坏。炭膜电位器的炭膜易因磨损而造成电接触不良。线绕电位器电阻丝易因电流过大而烧断。

8. 电容器故障

电容器是一种不易损坏的元件，但由于温度过高或绝缘能力降低等均可使绝缘击穿而损坏。

9. 配电线路故障

（1）架空导线相间短路。

（2）导线绝缘损坏。

（3）架空线路绝缘子损坏。

（4）电杆及金具的故障，如电杆倾斜、倒伏，金具螺丝脱落等。

（5）电缆机械损伤。

（6）电缆铅包疲劳、龟裂、胀裂。

（7）电缆户外终端头、中间接头爆炸。

10.1.2 电气故障产生的原因

1. 电源方面

（1）电压波动。正常情况下用电设备要求电压波动范围在±5%以内。电压偏高则电气设备的寿命将大大缩短，电压偏低则设备无法提供足够的功率。对于额定负载运转的电动机来说，过载能力下降，电流增大，电机发热加快，电机极易烧毁。

（2）三相电源不平衡或缺相极易造成电气设备损坏。

（3）不同的电源频率下，电气设备的工作性能将发生一系列变化，因此会引起电气设备工作异常和损坏。

（4）电流增大，电气设备工作温度增大，设备绝缘老化加快，使设备绝缘损坏。

2. 电气设备内部因素

（1）电动力与电流的大小密切相关，电动力可使导体变形，开关误动作，触头变形。

（2）电弧是一种普遍的放电现象，它能量集中、温度高、易导电，因此破坏力极大。

（3）由于安装工艺或导线质量等原因会导致接触不良、脱线、短路等故障。

（4）元器件本身的质量问题导致的各种故障。各种电气元器件都有一定的使用期限。超过期限其性能下降和失效是一种自然现象，也是不可避免的。比如电机、变压器的使用超过期限，会使其绝缘下降；继电器、交流接触器和电位器使用久了会使触头接触不良；断路器、漏电保护器等内部机构位置偏移或弹簧松脱；半导体器件、电阻器和电容器超过使用期限后，它们的阻值、容量和性能会发生变化等。

3. 环境因素

（1）环境温度是影响电气设备正常工作的一个重要因素。环境温度过高电气设备温升也增高，绝缘老化加快，严重时烧毁绝缘。

（2）空气湿度过大，设备表面凝聚水分，引起霉菌滋生加快，使电气绝缘强度降低，金属腐蚀加快，导致接触面氧化，接触电阻增大。

（3）大气压降低，空气密度将下降，空气的绝缘强度也下降；空气散热能力降低，设备的温升增大；灭弧能力降低，开断电流变小。在高海拔地区这种影响特别明显。

（4）积尘太多，容易造成电气设备和线路漏电、放电或触头接触不良，甚至引起设备闪络，击穿短路。

（5）雷电、振动、冲击等对设备的影响也很大。

（6）风、雨、雪等灾害性天气会引起供电线路相间短路，甚至断线。

4. 人为因素

电气设备操作者不按操作规程进行操作，会导致电气设备和线路无法正常工作或损坏。由于管理不善，野蛮施工也会造成供电线路被破坏。

10.1.3 电气故障的检查与维修

电气故障的检修一般包括找出故障和排除故障两个阶段，而迅速、准确地找出故障是检修工作的关键。

对维修用电建筑机械的专业人员，除要求其对用电建筑机械的结构、电气控制系统的工作原理熟悉以外，还须掌握一些检修的基本原则和方法。一般情况下，应按照观察现象、分析原因、进行测量和孤立故障等步骤反复地进行，直至排除故障为止。

1. 电气故障检修的原则

（1）先看后想

检修前首先把现象观察清楚，然后运用理论知识和电气控制系统工作原理，分析和判断发生故障的范围和原因，有步骤、有分析地寻找电气故障点。

（2）先外后内

检查时先进行外部检查，充分利用控制面板上的按钮、开关，结合建筑机械的各组成部分的功能进行判断，孤立故障，使其范围缩小，然后再有针对性地进行内部检查。

（3）先简后繁

检修应先从简单的，易于观察、测量和拆卸的地方，易产生故障的地方，由浅入深地进行。当确认没有问题时，再对不易测量和拆卸的地方进行检修。

（4）先静后动

检修时还应先断电进行静态检查，这样可避免在故障原因未明而贸然通电产生新的故障和触电事故。如检查确认电源等关键地方无故障且无危险，再通电进行动态检查，这样才能确保人身及机械设备的安全。

2. 电气故障检修的基本方法

复杂的控制电路故障发生后，涉及的范围很广。必须从许多可能的原因中，以正确的方法，通过分析、判断、推理以及测量，迅速地将故障从整个系统逐步地孤立，压缩到小的部件或元件上。这样的过程需要以下的一些基本方法才能完成。

（1）直觉法

通过“问、看、听、摸、闻”来发现异常情况，从而找出故障电路和故障所在部位。

1）问。向现场操作人员了解故障发生前后的情况。如故障发生前是否过载、频繁启动和停止；故障发生时是否有异常声音、振动，有没有冒烟、冒火等现象。

2）看。仔细察看各种电气元件的外观变化情况。如看触点是否烧融、氧化，熔断器熔体是否熔断，热继电器是否脱扣，导线和线圈是否烧焦，热继电器整定值是否合适，瞬时动作整定电流是否符合要求等。

3）听。主要听有关电器在故障发生前后声音有否差异。如听电动机起动时是否只“嗡嗡”响而不转，接触器线圈得电后是否噪声很大等。

4）摸。故障发生后，断开电源，用手触摸或轻轻推拉导线及电器的某些部位，以察觉异常变化。如摸电动机、变压器和电磁线圈表面，感觉温度是否过高；轻拉导线，看连接是否松动；轻推电器活动机构，看移动是否灵活等。

5）闻。故障出现后，断开电源，将鼻子靠近电动机、变压器、继电器、接触器、绝缘导线等处，闻闻是否有焦味。如有焦味，则表明电器绝缘层已被烧坏，可能是过载、短路或三相电流严重不平衡等故障所造成的。

（2）替代法

当怀疑某一部件或某一元件有故障时，可用好的同类部件和元件代替比较，若这时工作正常，则故障很快就可找到。但是要注意有时候某些元件的损坏是因为电路过载所引起的，此时虽把损坏的元件换成好的，但由于故障还没有得到根本消除，所以还会有损坏的危险，应特别注意。

（3）测量法

测量法是维修工作中用来准确确定故障点的一种行之有效的检查方法。常用的测试工具和仪表有验电笔、万用表、钳形电流表、兆欧表等，主要通过对电路进行带电或断电时的有关参数如电压、电阻、电流等的测量，来判定电气元件的好坏、设备的绝缘情况以及线路的通断情况。在用测量法检查故障点时，一定要保证各种测量工具和仪表完好，使用方法正确，还要注重防止感应电、回路电及其他并联支路的影响，以免产生误判定。常用的测量方法有：电压分阶段测量法、电阻分阶段测量法、短接法等。

总之，以上基本方法应根据实际情况具体分析，灵活运用。

3. 电气故障检修的注意事项

排除电气故障的目的是使用电建筑机械和工具能正常地工作，恢复原来的性能。因此在观察、分析、判断、孤立、找出故障之后，应及时修复。进行电气故障检修时，应注意以下几点：

(1) 一定要在找出故障的根本原因后，才能更换上新的元件。

(2) 新更换的器件一定要完好，合乎规格，符合原要求，有时还须进行适当调整。

(3) 在更换零件或进行拆装时，一定要细心、准确，防止其他零件或部件的损坏。

10.2 施工用电常见电气事故隐患

1. 把配电箱作为开关箱，直接控制多台电气设备。

2. 使用二类手持电动工具的漏电保护器的漏电动作电流大于 15mA。

3. 施工现场临时用电未实行三相五线制和三级配电二级保护制度。

4. 未定期对振动设备中的电器装置或潮湿场所工作设备进行绝缘测试和保护零线的检查。

5. 交流电焊机不装二次空载降压保护器或嫌麻烦而将保护器短接后使用，起不到保护作用。

6. 动力设备保护零线未按要求接在接地专用的接地接线柱（螺丝）上。

7. 接地极采用的螺纹钢筋、铝导体或接地材料截面小于规定。

8. 接地装置和防雷装置未进行定期测试。

9. 电气设备金属外壳未进行接零保护。

10. 保护零线采用多股铜芯线时，连接不规范，随便缠绕在接头上。

11. 一类手持电动工具直接在露天、潮湿或金属构架的施工场所使用。

12. 配电箱和开关箱的熔断器或漏电保护器参数不匹配，用不合格的金属材料做熔断丝。

13. 电缆或电线未按要求采用绝缘瓷瓶和穿管进行敷设，有的满地乱拖乱放，有的用铁丝直接绑扎在钢管脚手架等处上进行固定。

14. 停电时未挂警示牌警示。

15. 动力和照明合用一组熔断器和开关。

16. 露天使用的配电箱和开关箱无防雨、防砸等防护措施。

17. 配电箱设置处无安全通道，操作空间小。

18. 配电箱和开关箱不按规定高度设置，随意摆放于地面，无固定措施。

19. 对失灵的开关、破旧的导线、存在隐患的设备等不更换、不维修，照常使用。

20. 电缆电线通过运输道路、作业通道没有采用地下穿管敷设和采用其他有效的保护措施。

21. 未定期对漏电保护器进行检测。

10.3 建筑施工用电事故案例

10.3.1 私制小吊车碰撞高压线触电事故

1. 事故经过

某料仓建设工地使用1台自制小吊车吊运混凝土和其他施工建筑材料。由于施工需要，需移动自制小吊车。当5名农民工将小吊车由料仓南侧墙向西侧墙推动时，自制小吊车的起重拔杆碰在料仓西侧墙上方带电的10kV高压线上，导致推小吊车的5名农民工当即被强大电流击倒，造成2人死亡，3人受伤。

2. 事故原因

（1）建设单位违反《施工现场临时用电安全技术规范》JGJ 46—2005“在建工程不得在外电架空线路正下方施工”的规定，在10kV高压线下方建设料仓，当施工单位对上述设计提出书面反对意见时，建设单位未予以采纳。

（2）设计单位未对该项目建设的安全性进行科学论证，就在10kV高压线下设计料仓；没有对该项目建设存在的安全隐患提出预防事故措施，导致施工单位冒险违章作业。

（3）监理单位未对该项目进行安全论证并提出隐患整改意见，即给承包单位下达了开工令，当施工单位提出不同意见时，也未引起监理单位的重视，导致施工单位的违章作业未能被及时制止并改正。

（4）施工单位虽然对高压线下施工的危险隐患向监理单位提出了整改意见，但由于对作业人员宣传教育不到位，安全管理不到位，导致了缺乏安全技术知识的农民工违章作业。

（5）施工单位违章使用国家禁止使用的自制小吊车，在移动小吊车时，现场管理人员违章指挥，操作人员冒险上岗，作业中又不安排专人观察监护。

3. 预防措施

（1）施工现场上空的高压线改成地下电缆铺设，消除重大事故隐患。

（2）编制专项施工用电方案，现场认真落实设计内容和要求。

（3）加强施工队伍（包括农民工队伍）的安全教育和安全管理，健全安全规章制度。

10.3.2　配电箱电缆磨损破裂触电事故

1. 事故经过

因刮台风下雨，某工程人工挖孔桩工程施工停工，25 号和 7 号桩孔因地质情况特殊需要继续施工。此时，配电箱进线端电线因无穿管保护被配电箱进口处割破绝缘，造成电箱外壳、PE 线、提升机械以及钢丝绳、吊桶带电。作业人员江某触及带电的吊桶时遭电击，经抢救无效死亡。

2. 事故原因

（1）电源线进配电箱处无套管保护，金属箱体电线进口处也未设护套，使电线磨损破皮。

（2）重复接地装置设置不符合要求，接地电阻达不到规范要求。

（3）电气开关的选用不合理、不匹配，漏电保护装置参数选择偏大、不匹配。

（4）现场用电系统的设置未按施工组织设计的要求进行。

（5）现场施工用电管理混乱，未对用电设备和配电设备进行验收即投入使用。

3. 预防措施

（1）加强施工现场用电安全管理，及时对用电设备和配电设备进行验收。

（2）对现场用电的线路架设、接地装置的设置、配电箱漏电保护器的选用要严格按照标准规范进行。

（3）电工要加强对施工现场临时用电设施的巡查，发现隐患，及时处置。

（4）建立健全施工现场用电安全技术档案，包括用电施工组织设计、技术交底资料、用电工程检查记录、电气设备试验调试记录、接地电阻测定记录和电工工作记录等。

10.3.3　汽车起重机碰撞高压线触电事故

1. 事故经过

某新建厂房工地正在对已完工的地基桩进行检测，当汽车起重机在进行检测架吊装作业时，施工员刘某感觉检测架调放的位置不合适，示意司机再吊起，当检测架离地 200mm 时，施工员手握吊装钢丝绳向西拽（靠近高压线的方向），同时一名起重工向西推检测架，致使吊装检测架的钢丝绳与 10kV 高压线接触，造成施工员和起重工被电击双双倒地死亡。

2. 事故原因

（1）汽车起重机司机安全意识淡薄，在驾车到达施工现场后，对作业现场的周边环境观察不细，起重臂升举的位置违反了《施工现场临时用电安全技术规范》JGJ 46—2005 关于“起重机与架空线路边线的最小安全距离”的规定。在吊装人员向西推检测架时，致使吊装检测架的钢丝绳与 10kV 高压线接触，造成两人触电致死。

（2）施工员安全意识淡薄，在从事吊装检测架作业时，对吊装检测架的钢丝绳可能与 10 kV 高压线接触，造成触电的危害认识不足，擅自将吊装检测架的钢丝绳向西拽，也是造成事故的直接原因。

（3）施工单位安全管理不到位，对从事起重作业人员的安全教育不够，在安排汽车起重机到工地协助做地基桩检测工作时，未对汽车起重机驾驶员进行具体的安全教育和安全技术交底。

3. 预防措施

（1）根据检测作业现场的特点，制定具有针对性的预防触电事故的措施，并进行安全技术交底。

（2）做好作业人员安全教育，规范施工人员的安全行为，增强全体管理人员和作业人员的安全意识。加强对施工作业现场监督检查的力度，杜绝违章指挥、违章作业。

（3）施工单位要加强对起重机械和从事起重作业人员的安全管理，特别是对协助单位吊装作业的汽车起重机和作业人员的安全管理。做好对作业人员的安全教育和安全技术交底，强化对作业现场的安全监护，杜绝违章作业。

10.3.4 潜水泵未使用漏电保护器触电事故

1. 事故经过

某建筑工地，操作工王某发现潜水泵开动后漏电保护器动作、断路器跳闸，便要求电工李某把潜水泵电源线不经漏电保护器接上电源。起初电工李某不肯，但在王某的多次要求下，还是将潜水泵电源线不经漏电保护器直接接上电源。潜水泵正常启动后，王某拿一段钢筋挑潜水泵检查其是否沉入泥里时，当即触电倒地，经抢救无效死亡。

2. 事故原因

（1）操作工王某认为漏电开关动作，影响了工作，由于自己不懂电气安全知识，在电工劝阻的情况下仍要求将潜水泵电源线直接接到电源上。同时，在明知漏电的情况下用钢筋挑动潜水泵，违章作业，是造成事故的直接原因。

（2）电工李某在王某的多次要求下违章接线，留下严重的事故隐患，是事故发生的重要原因。

3. 预防措施

（1）施工单位应加强安全教育，让职工了解作业范围内有哪些有害因素和危险，其危险程度及安全防护措施。

（2）必须明确规定并落实特种作业人员的安全生产责任制，因为特种作业的危险因素多，危险程度大。本案例中电工虽有一定的安全知识，开始时不肯违章接线，但经不起同事的多次要求，明知故犯，违章作业，就是因为没有落实应有的安全责任。

（3）建立事故隐患报告和处理制度。漏电保护器动作，表明事故隐患存在，操作人应该报告项目负责人，通知维修人员维修潜水泵，而不应要求电工将电源线不经漏电开关接到电源上。

10.3.5　钢筋笼碰触高压线触电事故

1. 事故经过

某施工现场上部距地面7m左右处，有一条10kV架空线路沿东西方向穿过。在完成土方回填时，架空线路距离地面净空只剩5.6m。期间施工单位曾多次要求建设单位尽快迁移，但始终未得以解决，而施工单位就一直违章在高压架空线下方不采取任何措施冒险作业。2000年某日，项目负责人王某违章指挥12名农民工将6m长的钢筋笼放入桩孔时，由于顶部钢筋距高压线过近而产生电弧，11名作业人员被击倒在地，造成3人死亡。

2. 事故原因

（1）由于高压线路的周围空间存在强电场，导致附近的导体成为带电体，《施工现场临时用电安全技术规范》JGJ 46—2005规定：在建工程不得在外电架空线路正下方施工、搭设作业棚、建造生活设施或堆放构件、架具、材料及其他杂物等。该施工现场桩孔钢筋笼长6m，上面高压线路距地面仅剩5.6m，在无任何防护措施下又不能保证安全操作距离，因此必然发生触电事故。

（2）施工单位项目负责人违章指挥。

（3）作业人员对高压电的危险性认识不足，违章作业。

（4）建设单位未尽到职责办理高压线路迁移。

3. 预防措施

（1）施工单位应严格执行《施工现场临时用电安全技术规范》JGJ 46—2005，不得在外电架空线路正下方施工。

（2）施工单位的管理人员和作业人员应加强标准规范的学习，杜绝违章指挥和违章作业。

（3）建设单位应严格执行《施工现场临时用电安全技术规范》JGJ 46—2005的相关规定，及时办理外电线路迁移手续，不得将建设项目置于高压线路之下。

10.3.6　电焊机外壳带电触电事故

1. 事故经过

某施工现场焊工王某和张某进行点焊作业时，发现电焊机一段引线圈已断，电工只找了一段软线交张某让他自己更换。张某换线时，发现一次线接线板螺栓松动，使用扳手拧紧后（此时王某不在现场）就离开了现场，王某返回后不了解情况，便开始点焊，只焊了一下就大叫一声倒地，终因抢救无效死亡。

2. 事故原因

(1) 因接线板烧损，线圈与电焊机外壳相碰而引起短路。

(2) 电焊机外壳未做保护接零。

(3) 电焊工未按规定穿绝缘鞋、戴绝缘手套。

3. 预防措施

(1) 电焊机的维修应由专业电工进行。

(2) 焊接设备应做保护接零。

(3) 电焊工作业时应按规定穿绝缘鞋、戴绝缘手套。

10.3.7 拆除变压器防护架触电事故

1. 事故经过

某工程已接近完工，甲方向供电部门申请停电，以便项目改接正常供电线路。供电部门工作人员将变压器的跌落式开关断开后即离开，施工场地随即断电，现场电工改装电缆。此时变压器的二次侧断电，但是一次侧仍然带电。架子工班班长杨某误认为变压器整体已经停电，为赶工期擅自带领另外两名架子工准备拆除变压器的防护竹架。当杨某首先爬至防护架顶部触及变压器一次侧的高压电时，当即被击倒，经抢救无效死亡。

2. 事故原因

(1) 作业人员安全意识淡薄，在未确认变压器整体断电的情况下，为赶工期冒险蛮干。

(2) 供电部门未按要求切断工地的整个高压送电线路。

(3) 建设单位、监理单位、施工单位与供电部门缺乏有效沟通。

(4) 变压器周围未设置明显的安全警示标志。

(5) 现场用电安全管理不到位。

3. 预防、整改措施

(1) 施工单位要加强对作业人员的安全教育，提高其安全意识，杜绝冒险蛮干行为。

(2) 加强现场劳动组织管理和工人劳动纪律教育。

(3) 变压器等供电设施应设置明显的警示标志。

(4) 建设、监理、施工单位应加强与供电部门的沟通协调，保障施工现场用电安全。

(5) 施工、监理单位应加强现场监理工作，对重要工序、重要部位实施旁站监理，制止施工违章违规行为。

10.3.8 电缆绝缘层轧破触电事故

1. 事故经过

某安装公司10名作业人员在厂房内利用底部设有钢性滚动轮的移动式方形操作平台进行室内顶棚粉刷作业。因粉刷需要，6名职工移动操作平台时，将位于地面的电缆绝缘层压破，致使移动式操作平台整体带电，导致正在移动操作平台的6名职工触电。

2. 事故原因

（1）施工人员在移动操作平台时，明知地上有电缆线，未将电缆移位，冒险推动操作平台，致使轮子轧破电缆，造成触电是事故的直接原因。

（2）在移动操作平台时，未将电缆线电源开关切断。安全技术交底明确要求“在现场移动脚手架作业，不得碰损现场布设的电缆、电线，如果离电缆电线小于安全距离工作，必须将电路切断”，接底人施工队长没有按交底要求执行。

（3）未采取防止电缆被轧坏的保护措施。

（4）移动式操作平台3个滚动轮防护胶套已脱落，没有及时更换修理。

（5）施工现场总配电箱内电缆未经漏电保护器直接接在总隔离开关上，漏电后不能自动切断电源。

（6）在主体工程完工后，对重新敷设的临时用电线路未按规范要求敷设，而直接放置在厂房的地面上。

3. 预防措施

（1）按照《施工现场临时用电安全技术规范》JGJ 46—2005的要求，立即更换现场临时用电的电缆。

（2）严格按规范要求连接、敷设电缆，确保安全用电。

（3）施工单位要加强对作业人员的安全教育。

（4）作业人员要严格按照安全技术交底规定进行作业。

10.3.9 电缆接头漏电触电事故

1. 事故经过

某建筑工程公司瓦工张某、曹某和吕某，三人一组负责滤波室内西墙抹灰。当张某、曹某在跳板上等吕某给倒勺（跳板距地面高度2m），吕某站在灰槽的南侧和灰时，附近的施工人员突然听到吕某大叫一声，随后便见吕某倒在灰槽南侧，呼吸急促、神志不清，随即将他抬到滤波室外，实施人工呼吸并送到医院，经抢救无效死亡。

经勘查，吕某右手掌外缘留有电击痕迹，经医学诊断证明属心肺电击死亡。

2. 事故原因

（1）电缆接头绝缘不良，漏电。沿灰槽与西墙之间拖地敷设软电缆有一接头位于吕某作业时的脚下，其接头处用黑色绝缘胶布包扎，陈旧老化松弛，表面沾有水泥痕迹。用普通试电笔测试接头包扎处表面显示带电。

(2) 滤波室地面潮湿，局部积水，电缆拖地敷设，接头处受潮。

(3) 死者吕某作业时脚穿布底鞋，受潮失去绝缘能力。

综合分析认为：由于吕某作业时，脚接近或触及了电缆接头漏电处，两脚之间形成跨步电压，电流流经双脚将其击倒。倒地后裸露右手着地，脚与手之间又形成了新的闭合回路，即跨步电压，然后部分电流又流经右手对地放电。因此，吕某属于跨步电压触电死亡。

3. 预防跨步电压触电事故措施

(1) 建筑施工现场使用的电缆应沿建筑物悬挂或埋地敷设，特别是遇有积水时应采取避让措施。

(2) 电缆接头处必须采用防水胶布包扎。

(3) 电气维护人员要经常对电气设施进行检查，发现问题及时处理。

(4) 手持电动工具和其他用电设备必须按规范规定安装漏电保护器和采取接零保护措施。

(5) 要利用多种形式对从业人员进行安全用电常识和触电应急救援知识宣传教育，让大家了解漏电的危害以及如何防范，提高从业人员的自我防护意识。

(6) 要根据作业环境为从业人员配备劳动防护用品，同时要求正确使用，潮湿环境不得穿布底鞋。

(7) 要加强现场文明管理，保持现场整洁，积水应及时清理，物料要摆放整齐，做到工完料清。

10.3.10 电工违章操作触电事故

1. 事故经过

某施工现场电工班班长刁某带领张某检修 380V 交流电焊机。电焊机检修后进行通电试验确认良好后，将电焊机开关断开。刁某安排张某拆除电焊机二次线，自己拆除电焊机一次线。刁某在蹲着身子拆除电焊机电源线中间接头第二相的过程中触电，经抢救无效死亡。

2. 事故原因

(1) 刁某已参加工作十余年，一直从事电气作业并获得高级维修电工资格证书。但在本次作业中，刁某安全意识淡薄，工作前未进行安全风险分析，在拆除电焊机电源线中间接头时，未检查确认电焊机电源是否真正断开，在电源线带电又无绝缘防护的情况下作业，导致触电，是此次事故的直接原因。

(2) 张某在工作中未有效地进行安全监督、提醒，未及时制止刁某的违章行为，是此次事故的原因之一。

（3）刁某在工作中未认真执行规章制度，疏忽大意，依仗经验、资历违章作业。

3. 防范措施

（1）采取有力措施，加强对现场工作人员执行规章制度的监督、落实，杜绝违章行为的发生，工作班成员要互相监督，严格执行规章制度。

（2）完善设备停送电制度。

（3）加强职工的技术培训和安全知识培训，提高职工的业务素质和安全意识。

附录A 全国主要城镇年平均雷暴日数

地　名	雷暴日数/（d/a)	地　名	雷暴日数/（d/a)
北京市	35.6	杭锦后旗	24.1
天津市	28.2	乌兰察布市集宁区	43.3
河北省		辽宁省	
石家庄市	31.5	沈阳市	27.1
唐山市	32.7	大连市	19.2
邢台市	30.2	鞍山市	26.9
保定市	30.7	本溪市	33.7
张家口市	40.3	丹东市	26.9
承德市	43.7	锦州市	28.8
秦皇岛市	34.7	营口市	28.2
沧州市	31.0	阜新市	28.6
山西省		吉林省	
太原市	36.4	长春市	36.6
大同市	42.3	吉林市	40.5
阳泉市	40.0	四平市	33.7
长治市	33.7	通化市	36.7
临汾市	32.0	图们市	23.8
内蒙古自治区		白城市	30.0
呼和浩特市	37.5	天　池	29.0
包头市	34.7	黑龙江省	
乌海市	16.6	哈尔滨市	30.9
赤峰市	32.4	齐齐哈尔市	27.7
二连浩特市	22.9	双鸭山市	29.8
呼伦贝尔市海拉尔区	30.1	大庆市（安达）	31.9
东乌珠穆沁旗	32.4	牡丹江市	27.5
锡林浩特市	32.1	佳木斯市	32.2
通辽市	27.9	伊春市	35.4
鄂尔多斯市东胜区	34.8	绥芬河市	27.5

续表

地　名	雷暴日数/（d/a）	地　名	雷暴日数/（d/a）
嫩江市	31.8	龙岩市	74.1
漠河乡	36.6	宁德市	55.8
黑河市	31.2	建阳市	65.3
嘉荫县	32.9	江西省	
铁力市	36.3	南昌市	58.5
上海市	30.1	景德镇市	59.2
江苏省		九江市	45.7
南京市	35.1	新余市	59.4
连云港市	29.6	鹰潭市	70.0
徐州市	29.4	赣州市	67.2
常州市	35.7	广昌县	70.7
南通市	35.6	山东省	
淮安市淮阴区	37.8	济南市	26.3
扬州市	34.7	青岛市	23.1
盐城市	34.0	淄博市	31.5
苏州市	28.1	枣庄市	32.7
泰州市	37.1	东营市	32.2
浙江省		潍坊市	28.4
杭州市	40.0	烟台市	23.2
宁波市	40.0	济宁市	29.1
温州市	51.0	日照市	29.1
衢州市	57.6	河南省	
安徽省		郑州市	22.6
合肥市	30.1	开封市	22.0
芜湖市	34.6	洛阳市	24.8
蚌埠市	31.4	平顶山市	22.0
安庆市	44.3	焦作市	26.4
铜陵市	41.1	安阳市	28.6
屯溪市	60.8	濮阳市	28.0
阜阳市	31.9	信阳市	28.7
福建省		南阳市	29.0
福州市	57.6	商丘市	26.9
厦门市	47.4	三门峡市	24.3
莆田市	43.2	湖北省	
三明市	67.5	武汉市	37.8

续表

地　名	雷暴日数/（d/a）	地　名	雷暴日数/（d/a）
黄石市	50.4	四川省	
十堰市	18.7	成都市	35.1
荆州市沙市区	38.9	自贡市	37.6
宜昌市	44.6	攀枝花市	66.3
襄阳市	28.1	泸州市	39.1
恩施市	49.7	乐山市	42.9
湖南省		绵阳市	34.9
长沙市	49.5	达州市	37.4
株洲市	50.0	西昌市	73.2
衡阳市	55.1	甘孜县	80.7
邵阳市	57.0	酉阳土家族苗族自治县	52.6
岳阳市	42.4	贵州省	
益阳市	47.3	贵阳市	51.8
永州市（零陵）	64.9	六盘水市	68.0
怀化市	49.9	遵义市	53.3
郴州市	61.5	云南省	
常德市	49.7	昆明市	66.6
广东省		昆明市东川区	52.4
广州市	81.3	个旧市	50.2
汕头市	52.6	大理市	49.8
湛江市	94.6	景洪市	120.8
茂名市	94.4	昭通市	56.0
深圳市	73.9	西藏自治区	
珠海市	64.2	拉萨市	73.2
韶关市	78.6	日喀则市	78.8
梅州市	80.4	昌都地区	57.1
广西壮族自治区		林芝地区	31.9
南宁市	91.8	那曲地区	85.2
柳州市	67.3	陕西省	
桂林市	78.2	西安市	17.3
梧州市	93.5	宝鸡市	19.7
北海市	83.1	铜川市	30.4
百色市	76.9	渭南市	22.1
凭祥市	83.4	汉中市	31.4
重庆市	36.0	榆林县	29.9

续表

地　名	雷暴日数/（d/a）	地　名	雷暴日数/（d/a）
安康市	32.3	乌鲁木齐市	9.3
甘肃省		克拉玛依市	31.3
兰州市	23.6	石河子市	17.0
金昌市	19.6	伊宁市	27.2
白银市	24.2	哈密市	6.9
天水市	16.3	库尔勒市	21.6
酒泉市	12.9	喀什地区	20.0
敦煌市	5.1	奎屯市	21.0
靖远县	23.9	吐鲁番市	9.9
青海省		且末县	6.0
西宁市	32.9	和田市	3.2
格尔木市	2.3	阿克苏市	33.1
德令哈市	19.8	阿勒泰市	21.6
化隆回族自治县	50.1	海南省	
茶卡	27.2	海口市	114.4
宁夏回族自治区		台湾省	
银川市	19.7	台北市	27.9
石嘴山市	24.0	香港	34.0
固原市	31.0		
新疆维吾尔自治区			

注：a表示年，d表示日。

模 拟 练 习

一、判断题

1. 电能可以及时转化为光能、热能、磁能、化学能、机械能等多种形式。

【答案】正确

2. 电的形态特殊，只能用仪表才可测得电流、电压和波形等，但看不见、听不见、闻不着、摸不得。

【答案】正确

3. 施工用电的专业技术人员是指与施工现场临时用电工程的设计、审核、安装、维修和使用设备等有关的人员。

【答案】正确

4. 施工现场的环境比工厂恶劣，电气装置、配电线路、用电设备等易受风沙、雨雪、雷电、水溅、污染和腐蚀介质的侵害，极易发生意外机械损伤，绝缘损坏并导致漏电。

【答案】正确

5. 从事安装、维修或拆除临时用电工程作业人员经过专门的安全技术培训后，即可上岗作业。

【答案】错误

【解析】从事安装、维修或拆除临时用电工程作业人员必须符合《建筑施工特种作业人员管理规定》的规定，建筑电工必须经专门的安全技术培训并考核合格，取得"建筑施工特种作业操作资格证"后，方可上岗作业。

6. 大容量的动力电路，尤其是电动机电路，由于手动开关通断速度慢，容易产生较强电弧，灼伤人或电器，故应采用自动开关或接触器等进行控制。

【答案】正确

7. 漏电保护器应装设在总配电箱、开关箱靠近电源的一侧，且不得用于启动电气设备的操作。

【答案】错误

【解析】漏电保护器应装设在总配电箱、开关箱靠近负荷的一侧，且不得用于启动电气设备的操作。

8. 按钮主要是根据所需要的触点数、使用的场合以及钮帽的颜色来选择。对于电动机控制线路而言，一般红色按钮做起动按钮，黄色按钮做点动按钮，绿色按钮做停止按钮。

【答案】错误

【解析】对于控制线路而言，一般红色按钮做停止按钮，黄色按钮做点动按钮，绿色按钮做起动按钮。

9. 漏电保护器正确的接法是工作零线一定要穿过剩余电流互感器。

【答案】正确

10. 为方便操作，电动机正反转除借助于接触器用按钮控制，还可以采用手动倒顺开关控制。

【答案】错误

【解析】电动机正反转严禁采用手动倒顺开关控制。

11. 互感器的功能是将高电压或大电流按比例变换成低电压或小电流，以便实现测量仪表、保护设备及自动控制设备的标准化、小型化。

【答案】正确

12. 控制变压器用途广泛，一般用于控制电路、安全照明及指示灯的电源。型号为BK—100的控制变压器，其中B表示变压器，K表示控制，100表示变压器容量为100W。

【答案】错误

【解析】额定容量是变压器在正常运行时的视在功率，单位为伏安（V·A）或千伏安（kV·A）。

13. 为避免螺丝刀的金属杆触及带电体时手指碰触金属杆，电工用螺丝刀应在螺丝刀金属杆上穿套绝缘管。

【答案】正确

14. 在带电剪切导线时，不得用刀口同时剪切不同电位的两根线（如相线与零线、相线与相线等），以免发生短路。

【答案】正确

15. 在使用电流表测量电路电流时，切忌与被测电路（负载）串联。

【答案】错误

【解析】交流电流表应与被测电路（负载）串联。

16. 使用绝缘电阻测试仪测量前，应将接地装置的接地引下线与所有电气设备断开。

【答案】正确

17. 塔式起重机防雷接地和重复接地可共用同一接地体，但接地电阻应符合重复接地电阻值的要求。

【答案】正确

18. 电焊机械的二次线的地线不得用金属构件或结构钢筋代替。

【答案】正确

19. 高处作业吊篮的使用主电源回路应有过电流保护装置和灵敏度不小于 50mA 的漏电保护装置。

【答案】错误

【解析】主电源回路应有过电流保护装置和灵敏度不小于 30mA 的漏电保护装置。

20. 夯土机械的金属外壳与 PE 线的连接点不得少于 1 处。

【答案】错误

【解析】夯土机械的金属外壳与 PE 线的连接点不得少于 2 处。

21. 木工机械的周围的木屑，碎木及刨花要及时清理，不得堆积。

【答案】正确

22. 所谓的 TT 保护系统是指将电气设备的金属外壳作接零的保护系统。

【答案】错误

【解释】TT 保护系统是指将电气设备的金属外壳作接地的保护系统

23. 所谓 TN 保护系统是指将电气设备的金属外壳作接地保护的系统。

【答案】错误

【解释】TN 保护系统是指将电气设备的金属外壳作接零保护的系统。

24. 电气设备的保护零线与工作零线合一设置的系统，称为 TN-C 系统。

【答案】正确

25. 电气设备的保护零线与工作零线分开设置的系统，称为 TN-S 系统。

【答案】正确

26. 在施工现场专用变压器供电的 TN-S 接零保护系统中，电气设备的金属外壳必须与保护零线连接。保护零线应由工作接地线、配电室（总配电箱）电源侧零线或总漏电保护器负荷侧零线处引出。

【答案】错误

【解释】在施工现场专用变压器供电的 TN-S 接零保护系统中，电气设备的金属外壳必须与保护零线连接。保护零线应由工作接地线、配电室（总配电箱）电源侧零线或总漏电保护器电源侧零线处引出。

27. 配电室天棚的高度应当为距离地面不低于 3m。

【答案】正确

28. 动力、照明线在同一横担上架设时，架空线相序排列顺序是：面向负荷从左侧起依次为 L_1、L_2、L_3、N、PE 。

【答案】错误

【解释】动力、照明线在同一横担上架设时，导线相序排列顺序是：面向负荷从左

侧起依次为 L_1、N、L_2、L_3、PE。

29. 直埋电缆的接头应设在地面上的接线盒内，在地下不得有接头。

【答案】正确

30. 配电箱的箱体一般应采用冷轧钢板制作，配电箱箱体钢板厚度应不小于 1.5mm。

【答案】正确

31. 总配电箱的电器应具备电源隔离、正常接通与分断电路，以及短路、过载、漏电保护功能。

【答案】正确

32. 分配电箱的电器配置在采用二级漏电保护的配电系统中，分配电箱中要求设置漏电保护器。

【答案】错误

【解释】分配电箱的电器配置在采用二级漏电保护的配电系统中，分配电箱中不要求设置漏电保护器。

33. 开关箱与用电设备之间可以实行“二机一闸”制。

【答案】错误

【解释】开关箱与用电设备之间实行“一机一闸”制。防止“一闸多机”带来意外伤害事故。开关箱的开关电器的额定值应与用电设备额定容量相适应。

34. 大容量的动力电路，尤其是电动机电路，由于手动开关通断速度慢，容易产生较强电弧，灼伤人或电器，故应采用自动开关或接触器等进行控制。

【答案】正确

35. 配电装置送电和停电时，必须严格遵循以下停电操作顺序：总配电箱（配电柜）→分配电箱→开关箱。

【答案】错误

【解释】配电装置送电和停电时，必须严格遵循下列操作顺序：

送电操作顺序为：总配电箱（配电柜）→分配电箱→开关箱。

停电操作顺序为：开关箱→分配电箱→总配电箱（配电柜）。

36. 金属卤化物灯具有光效高和光色好的优点，光效是普通白炽灯的 4～5 倍，适用电源电压为 220V，平均寿命 500h。

【答案】错误

【解析】碘钨灯与白炽灯相比，具有体积小、光通稳定、光效高的优点，一只 1000W 的碘钨灯有相当于一只 5000W 的普通白炽灯的亮度，平均寿命可达 1500h。

37. 严禁带电移动高于人体安全电压的设备，严禁手持高于人体安全电压的照明设备。

【答案】正确

38. LED（发光二极管），是一种能够将电能转化为可见光的固态的半导体器件，它可以直接把电转化为光。

【答案】正确

39. 在坑洞内作业、夜间施工或作业厂房、料具堆放场、道路、仓库、办公室、食堂、宿舍及自然采光差等场所，一般设置局部照明即可满足。

【答案】错误

【解析】在坑洞内作业、夜间施工或在作业厂房、料具堆放场、道路、仓库、办公室、食堂、宿舍及自然采光差等场所，应设一般照明、局部照明或混合照明。在一个工作场所内，不得只设局部照明。

40. 三相四线制线路中，零线截面不小于相线截面的50%；当照明器为气体放电灯时，零线截面按最大负荷相的电流选择。

【答案】正确

41. 外电线路主要指不为施工现场专用的原来已经存在的高压或低压配电线路。

【答案】正确

42. 在建工程可以在外电架空线路正下方施工、搭设作业棚、建造生活设施或堆放构件、架具、材料及其他杂物等。

【答案】错误

【解析】在建工程不得在外电架空线路正下方施工、搭设作业棚、建造生活设施或堆放构件、架具、材料及其他杂物等。

43. 静电聚集到一定程度，会对人体造成伤害，为了消除静电对人体的危害通常的方法是将能产生静电的设备接地，使静电被中和，接地部位与大地保持等电位。

【答案】正确

44. 施工现场需要考虑防直击雷的部位主要是塔式起重机、施工升降机和物料提升机等高大起重机械设备及钢脚手架、在建工程金属结构等高架设施。

【答案】正确

45. 现场专用变电所或配电室进出线处，不需要设置防感应雷措施。

【答案】错误

【解析】本题考的是防雷部位的确定，防感应雷的部位是施工现场专用变电所或配电室的进出线处。

46. 电流对人体的伤害可分为电击和电伤，绝大部分触电事故是电伤造成的。

【答案】错误

【解析】绝大部分触电事故是电击造成的，通常所说的触电事故基本上是对电击而言的。

47. 为体现用电技术交底资料完整性，技术交底文字资料必须明确交底日期、时间，交底人、被交底人签字。

【答案】正确

48. 如遇发生人员触电或电气火灾的紧急情况，允许就近迅速切断电源。

【答案】正确

49. 在未确定电线是否带电的情况在下，严禁用钢丝钳或其他工具同时切断两根及以上电线。

【答案】正确

50. 严禁带电移动高于人体安全电压的设备，严禁手持高于人体安全电压的照明设备。

【答案】正确

51. 一类手持电动工具可以直接在露天、潮湿或金属构架的施工场所使用。

【答案】错误

【解析】一类手持电动工具不可以直接在露天、潮湿或金属构架的施工场所使用。

52. 断路器的一般故障为操动失灵，绝缘故障，开断、关合性能不良，导电性能不良。

【答案】正确

53. 电气故障的检查一般包括找出故障和排除故障两个阶段，而迅速、准确地找出故障是检修工作的关键。

【答案】正确

54. 因为电路过载导致某些元件的损坏，此时只要把损坏的元件换成好的，故障就可得到根本消除。

【答案】错误

【解析】有时候某些元件的损坏是因为电路过载所引起的，此时虽把损坏的元件换成好的，但由于故障还没有得到根本消除，所以还会有损坏的危险，应特别注意。

二、单选题

1. 电的传递速度为(　　)。

A. 3×10^5km/s　　B. 3×10^5m/s　　C. 3×10^5km/s　　D. 3×10^5m/s

【答案】C

【解析】电的传递速度特别快（3×10^5km/s）。

2. 作为电气工作者，员工必须熟知本工种的(　　)和施工现场的安全生产制度，不违章作业。

A. 生产安排　　B. 安全操作规程　　C. 工作时间　　D. 进度计划

【答案】B

【解析】电气工作者，员工必须熟知本工种的安全操作规程，才能保证安全作业，故选B。

3. 当空气开关动作后，用手触摸其外壳，发现开关外壳较热，则动作的可能是(　　)。

A. 短路　　B. 过载　　C. 漏电　　D. 欠压

【答案】B

【解析】当电路过载时，开关的热脱扣器的热元件发热使双金属片向上弯曲，推动自由脱扣机构动作。

4. 刀开关在选用时，要求刀开关的额定电压要大于或等于线路实际的(　　)电压。

A. 额定　　B. 最高　　C. 故障　　D. 最低

【答案】B

【解析】当用于起动异步电动机时，其额定电流应不小于电动机额定电流的3倍，用于其他电路中，要求刀开关的额定电压要大于或等于线路实际的最高电压。

5. 按照用途的不同，低压电器可分为低压配电电器和(　　)两大类。

A. 低压控制电器　　B. 电压控制电器　　C. 低压调节电器　　D. 低压电动电器

【答案】A

【解析】按照用途的不同，低压电器可分为低压配电电器和低压控制电器两大类。

6. 对于电动机控制线路而言，一般红色按钮做(　　)按钮，绿色按钮做(　　)按钮。

A. 停止　起动　　B. 停止　点动　　C. 点动　起动　　D. 复位　起动

【答案】A

【解析】对于电动机控制线路而言，一般红色按钮做停止按钮，黄色按钮做点动按钮，绿色按钮做起动按钮。

7. 当电路中发生过载、短路和欠压等故障时，能自动分断电路的电器叫作(　　)。

A. 断路器　　B. 接触器　　C. 漏电保护器　　D. 继电器

【答案】A

【解析】低压空气断路器又称自动空气开关或空气开关，属开关电器，是用于当电路中发生过载、短路和欠压等故障时，能自动分断电路的电器。

8. 选择漏电保护器的动作特性，应根据电气设备不同的使用环境，选取合适的额定漏电动作电流。一般场所，必须使用额定漏电动作电流不大于(　　)，额定漏电动作时间应不大于0.1s的漏电保护器。

A. 15mA　　B. 30mA　　C. 75mA　　D. 150mA

【答案】B

【解析】一般场所，即室内的干燥场所必须使用额定漏电动作电流不大于30mA、额定漏电动作时间不大于 0.1s 的漏电保护器。

9. 按照计数方法，电工仪表主要分为指针式仪表和(　　)式仪表。

A. 电动　　B. 比较　　C. 数字　　D. 电磁

【答案】C

【解析】电工仪表按其计数方式不同分为指针式仪表和数字式仪表。

10. 测量电压时，电压表应与被测电路(　　)。

A. 并联　　B. 串联　　C. 正接　　D. 反接

【答案】A

【解析】测量电压时，电压表应与被测电路并联，电流表应与被测电路串联。

11. 测量接地电阻时，电位探针应接在距接地端(　　)m 的地方。

A. 10　　B. 20　　C. 40　　D. 60

【答案】B

【解析】接地电阻测试仪，E′为接地体，P′为电位接地极，C′为电流接地极，它们各自连接 E、P_1、C_1端钮，分别插入距离接地体不小于 20m 和 40m 的土壤中。

12. 低压验电器检测的电压范围是(　　)。

A. 12～36V　　B. 60～110V　　C. 220～380V　　D. 60～500V

【答案】D

【解析】只要带电体与大地之间的电位差超过 60V 时，电笔中的氖管就会发光。低压验电器检测的电压范围是 60～500V。

13. 交流电流表一般只能用于直接测量(　　)以内的电流值。要扩大其量程（测量范围）必须借助于电流互感器。

A. 100A　　B. 150A　　C. 200A　　D. 300A

【答案】C

【解析】交流电流表一般只能用于直接测量 200A 以内的电流值。要扩大其量程（测量范围）必须借助于电流互感器。

14. 交流电压表一般只能用于直接测量(　　)以下的电压值。

A. 220V　　B. 380V　　C. 500V　　D. 600V

【答案】C

【解析】交流电压表一般只能用于直接测量 500V 以下的电压值。要测量更高的电压，必须借助于电压互感器。

15. 新购置的设备、搁置已久和经维修后重新投入使用的设备必须进行测试，(　　)合格后方可使用。

A. 漏电保护器　　B. 控制开关　　C. 绝缘电阻　　D. 接地测试

【答案】C

【解析】新购置的设备、搁置已久和经维修后重新投入使用的设备必须进行测试，绝缘电阻合格后方可使用，测量绝缘电阻后，应将被测物充分放电。

16. 试电笔可以用来检测(　　)的电工工具。

A. 是否带电　　B. 是否导通　　C. 绝缘电阻　　D. 电流

【答案】A

【解析】试电笔可以用来检测导线电器和设备是否带电的电工工具。

17. 电烙铁初次使用时，首先给电烙铁头进行(　　)。

A. 除锈　　B. 挂锡　　C. 焊接　　D. 更换

【答案】B

【解析】电烙铁初次使用时，首先给电烙铁头进行挂锡，以便以后使用沾锡焊接。

18. 电压互感器的铁芯和副绕组的一端必须(　　)。

A. 接地　　B. 断开　　C. 导通　　D. 接电阻

【答案】A

【解析】电压互感器的铁芯和副绕组的一端必须接地。

19. Ⅰ类电动工具的绝缘电阻要求不低于(　　)MΩ。

A. 1　　B. 2　　C. 3　　D. 5

【答案】B

【解析】Ⅰ类电动工具的绝缘电阻要求不低于2MΩ

20. Ⅱ类电动工具的绝缘电阻要求不低于(　　)MΩ。

A. 2　　B. 4　　C. 5　　D. 7

【答案】D

【解析】Ⅱ类电动工具的绝缘电阻要求不低于7MΩ。

21. 当塔式起重机塔身高于(　　)m时，还应在其塔顶和臂架端部设置红色信号灯，以防与空中飞行器相撞。

A. 30　　B. 40　　C. 50　　D. 60

【答案】A

【解析】塔式起重机为适应夜间工作，应设置正对工作面的投光灯；当塔身高于30m时，还应在其塔顶和臂架端部设置红色信号灯，以防与空中飞行器相撞。

22. 一般说来，吊篮中的带电零件与机体间的绝缘电阻不应低于(　　)MΩ。

A. 1.5　　B. 1.0　　C. 2.0　　D. 3.0

【答案】C

【解析】主电路相间绝缘电阻应不小于0.5MΩ，电气线路绝缘电阻应不小于2MΩ。

23. 夯土机械的金属外壳与PE线的连接点不得少于(　　)处，其漏电保护必须适应潮湿场所的要求。

A. 1　　B. 2　　C. 3　　D. 4

【答案】B

【解析】夯土机械的金属外壳与 PE 线的连接点不得少于 2 处；其漏电保护必须适应潮湿场所的要求。

24. 多台夯土机械并列工作时，其平行间距不得小于(　　)m；前后间距不得小于(　　) m。

A. 3，7　　B. 4，8　　C. 5，10　　D. 10，10

【答案】C

【解析】多台夯土机械并列工作时，其平行间距不得小于 5m；前后间距不得小于 10m。

25. 对混凝土搅拌机进行清理、检查、维修时，必须首先将其开关箱分闸断电，(　　)呈现明显可见的电源分断点，并将开关箱关门上锁。

A. 搅拌开关　　B. 出料开关　　C. 漏电保护器　　D. 隔离开关

【答案】D

【解析】对混凝土搅拌机进行清理、检查和维修时，必须首先将其开关箱分闸断电，隔离开关呈现明显可见的电源分断点，并将开关箱关门上锁，悬挂“禁止合闸”的警示牌，并派专人监护。

26. 交流弧焊机变压器的一次侧电源线长度不应大于(　　)m，其电源进线处必须设置防护罩，进线端不得裸露。

A. 3　　B. 5　　C. 10　　D. 15

【答案】B

【解析】交流弧焊机变压器的一次侧电源线长度不应大于 5m，其电源进线处必须设置防护罩，进线端不得裸露。

27. 在狭窄场所（锅炉、金属容器、地沟、管道内等）作业时，必须选用由(　　)供电的Ⅲ类手持式电动工具。

A. 自耦变压器　　B. 安全隔离变压器　　C. 低压变压器　　D. 高压变压器

【答案】B

【解析】在潮湿场所或金属构架上操作时，必须选用Ⅱ类或由安全隔离变压器供电的Ⅲ类手持式电动工具，严禁使用Ⅰ类手持式电动工具。

28. 潜水电机负荷线的长度不应小于(　　)m，不得有接头。

A. 2　　B. 1　　C. 1.5　　D. 2.5

【答案】C

【解析】潜水电机负荷线的长度不应小于 1.5m，不得有接头。

29. 施工现场供配电系统保护零线（PE 线）的绝缘颜色为(　　)色。

A. 绿　　B. 黄　　C. 绿/黄　　D. 蓝

【答案】C

【解释】施工现场供配电系统保护零线（PE 线）的重复接地的数量不少于 $2n+1$（n 代表总分路数量）处，分别设置于配电系统的首端、中间、末端，重复接地连接线应选用绿/黄双色多股软铜线，其截面不小于相线截面的 50%，且不小于 $2.5mm^2$。

30. 保护零线（PE 线）的重复接地，每处重复接地的电阻值不得大于(　　)。

A. 4Ω　　B. 10Ω　　C. 15Ω　　D. 30Ω

【答案】B

【解释】《施工现场临时用电安全技术规范》JGJ 46—2005 第 5.3.2 条规定：每一处重复接地装置的接地电阻值不应大于 10Ω。

31. 在建筑施工现场临时用电系统中，工作接地电阻值不得大于(　　)。

A. 4Ω　　B. 10Ω　　C. 15Ω　　D. 30Ω

【答案】A

【解释】总配电箱（配电柜）三相四线制电源进线工作零线（N 线）的重复接地电阻值宜与电源的电力变压器或发电机中性点直接接地的工作接地电阻值（≤4Ω）保持一致。

32. 在建筑施工现场临时用电系统中，防雷接地或冲击接地电阻值不得大于(　　)。

A. 4Ω　　B. 10Ω　　C. 15Ω　　D. 30Ω

【答案】D

【解释】《施工现场临时用电安全技术规范》JGJ 46—2005 施工现场内所有防雷装置的冲击接地电阻值不得大于 30Ω。

33. 采用外电线路也有两种方式，一是直接取用(　　)V 市电，二是取用高压电力，通过设置电力变压器将高压电变换成低压电使用。

A. 220　　B. 230　　C. 380　　D. 220/380

【答案】D

【解释】20 世纪我国使用了苏联的 220/380V 的标准，220V 是单相电源，用于家庭用电及一些只用单相电源的电器。而 380V 是三相电源，用于工业上需要由三相电源驱动的电机机械等负荷，而三相相电压为 220V 的电源，其线电压为 380V。

34. 配电室建筑的耐火等级应不低于(　　)级，同时室内应配置砂箱和可用于扑灭电气火灾的灭火器。

A. 一　　B. 二　　C. 三　　D. 四

【答案】C

【解释】《民用建筑电气设计规范》JGJ 16—2008 规定：低压配电装置室和电容器

室的耐火等级不应低于三级。

35. 架空线路一般由电杆、横担、绝缘子和绝缘导线四部分组成。电杆埋深宜为杆长的 $L/10$ 加(　　)，且应将回填土分层夯实。

A. 0.5m　　B. 0.6m　　C. 0.8m　　D. 1m

【答案】B

【解释】电杆埋深＝杆长（m）$\times L/10+0.7$m，但是不得小于电线杆长度的 $L/10+0.6$。

36. 电缆直埋时，应开挖深度不小于(　　)且断面为梯形的沟槽。敷设时，应在电缆紧邻上、下、左、右侧均匀敷设不小于 50mm 厚的细沙，然后回填原土，并于地表面覆盖砖、混凝土板等硬质保护层。

A. 0.5m　　B. 0.6m　　C. 0.7m　　D. 1m

【答案】C

【解释】根据《电力工程电缆设计标准》GB 50217—2018 的 5.3 条文规定，电缆地下直埋敷设要求：电缆外皮至地面深度，不得小于 0.7m；当位于车行道或耕地下时，应适当加深，且不宜小于 1.0m，且电缆应埋在冻土层以下。

37. 导线截面的选择主要是依据线路负荷计算结果，按绝缘导线允许温升初选导线截面，然后按(　　)和机械强度要求校验，按工作制核准，最后综合确定导线截面。

A. 线路电流偏移　　B. 线路电压偏移

C. 线路电阻偏移　　D. 线路电感偏移

【答案】B

【解释】选择导线必须满足的四个原则：

（1）近距离和小负荷按发热条件选择导线截面（安全载流量），用导线的发热条件控制电流，截面积越小，散热越好，单位面积内通过的电流越大。

（2）远距离和中等负荷在安全载流量的基础上，按电压损失条件选择导线截面，远距离和中负荷仅仅不发热是不够的，还要考虑电压损失，要保证到负荷点的电压在合格范围，电器设备才能正常工作。

（3）大档距和小负荷还要根据导线受力情况，考虑机械强度问题，要保证导线能承受拉力。

（4）大负荷在安全载流量和电压降合格的基础上，按经济电流密度选择，就是还要考虑电能损失，电能损失和资金投入要在最合理范围。

38. 五芯电缆中，除包含黄、绿、红色三条相线外，还必须包含用作 N 线的淡蓝色芯线和用作 PE 线的(　　)双色芯线。

A. 绿/黄　　B. 红/黄　　C. 红/白　　D. 红/黑

【答案】A

【解释】五芯电缆中，除包含黄、绿、红色三条相线外，还必须包含用作N线的淡蓝色芯线和用作PE线的绿/黄双色芯线。

39. 开关箱的箱体一般应采用冷轧钢板制作，开关箱箱体钢板厚度应不小于(　　)。

A. 1mm　　B. 1.1mm　　C. 1.2mm　　D. 2mm

【答案】C

【解释】根据住房和城乡建设部《施工现场零时用电安全技术规范》JGJ 46—2005中2.3条规定：配电箱、开关箱应采用冷轧钢板制作，钢板厚度为1.2～2.0mm，其中开关箱箱体钢板厚度不得小于1.2mm，配电箱箱体钢板厚度不得小于1.5mm，箱门均应设加强筋，箱体表面硬座防腐处理。

40. 配电箱、开关箱的金属箱体、金属电器安装板以及电器正常不带电的金属底座、外壳等必须通过PE线端子板与PE线做电气连接。金属箱门与金属箱体必须采用(　　)做电气连接。

A. 红色电线　　B. 蓝色电线　　C. 绿/黄双色电线　　D. 编织软铜线

【答案】D

【解释】金属箱门与金属箱体必须通过采用编织软铜线做电气连接。编织软铜线柔软度好，易散热，耐弯曲，导电率强，安装方便。

41. 配电装置送电和停电时，必须严格遵循下列操作顺序：送电操作顺序为(　　)。

A. 开关箱→分配电箱→总配电箱　　B. 总配电箱→分配电箱→开关箱

C. 分配电箱→开关箱→总配电箱　　D. 总配电箱→开关箱→分配电箱

【答案】B

【解释】这种操作顺序的优点是：送电时，除开关箱中的控制开关以外，其余配电装置中的开关电器均是空载会闭。不会产生危害操作者和开关电器的电弧或电火花；停电时，只要开关箱中的控制开关分闸，其余配电装置中的开关电器都是空载分闸，也不会产生危害操作者和开关电器的电弧或电火花。如果倒置操作，则当送电时，配电屏或总配电箱中的开关电器将带大负荷合闸，会产生强大电弧，尤其当最后合闸的是电源隔离开关时，对操作者的隔离开关的危害更大，这是不允许的，同时，远离配电屏或总配电箱的用电设备突然起动，也会给其周围的操作者和作业人员带来意外伤害。停电时，也有类似的危害，一方面配电屏或总配电箱中的开关电器，尤其是电源隔离开关带强大负荷分闸，会产生强烈电弧或电火花，会对操作者和开关电器带来危害，另一方面，全现场突然停电也不容易与所有用电设备操作者的停电准备达成一致。

42. 配电装置必须按其正常工作位置安装牢固、稳定、端正。固定式配电箱、开关箱的中心点与地面的垂直距离应为(　　)。

A. 1.0～1.2m　　B. 1.4～1.6m　　C. 1.5～1.6m　　D. 1.5m

【答案】B

【解释】固定式配电箱、开关箱的中心点与地面的垂直距离应为1.4～1.6m。移动式配电箱、开关箱应装设紧固、稳定的支架上。其中心点与地面的垂直距离宜为0.8～1.6m。

43. 配电装置进行定期检查、维修时，必须将其(　　)相应的隔离开关分闸断电，并悬挂“禁止合闸、有人工作”标志牌，严禁带电作业。

A. 总配电箱　　B. 分配电箱　　C. 后一级　　D. 前一级

【答案】D

【解释】防止前一级配电箱突然送电，导致后一级发生触电事故。

44. 分配电箱与开关箱的距离不得超过(　　)m。

A. 10　　B. 15　　C. 20　　D. 30

【答案】D

【解释】《施工现场临时用电安全技术规范》JGJ 46—2005规定：分配电箱与开关箱的距离不得超过30m。

45. 直埋电缆在穿越建筑物、构筑物、道路、易受机械损伤、介质腐蚀场所及引出地面从2m高到地下0.2m处必须加设防护套管，防护套管内径不应小于电缆外径的(　　)倍。

A. 1　　B. 1.5　　C. 2　　D. 3

【答案】B

【解释】根据《施工现场临时用电安全技术规范》JGJ 46—2005条文规定埋地电缆在穿越建筑物、构筑物、道路、易受机械损伤、介质体育馆场所及引出地面从2.0m高到地下0.2m处，必须加设防护套管，防护套管内径不应小于电缆外径的1.5倍。

46. 保护零线在任何情况下不可以断线，(　　)系统是工作零线与保护零线合一的形式，若漏电保护器跳闸，则保护零线断线。

A. TT　　B. TN　　C. TN-C　　D. TN-S

【答案】C

【解释】TT保护系统是指将电气设备的金属外壳作接地的保护系统。

TN保护系统是指将电气设备的金属外壳作接零保护的系统，又分TN-C和TN-S两种形式。电气设备的保护零线与工作零线合一设置的系统，称为TN-C系统；电气设备的保护零线与工作零线分开设置的系统，称为TN-S系统。

47. 一般220V灯具室外、室内安装高度应分别不低于(　　)m，碘钨灯及其他金属卤化物灯安装高度宜在3m以上。

A. 2.5，2.5　　B. 2.5，3　　C. 3，2.5　　D. 3，3

【答案】C

【解析】一般220V灯具室外、室内安装高度应分别不低于3m，2.5m，碘钨灯及其他金属卤化物灯安装高度宜在3m以上。

48. 普通灯具距易燃易爆物不宜小于(　　)mm；聚光灯及碘钨灯等高热灯具不宜小于(　　)mm，且不得直接照射易燃物。达不到防护距离时，应采取隔热措施。

A. 100，200　　B. 200，300　　C. 300，400　　D. 300，500

【答案】D

【解析】普通灯具距易燃易爆物不宜小于300mm；聚光灯及碘钨灯等高热灯具不宜小于500mm，且不得直接照射易燃物。达不到防护距离时，应采取隔热措施。

49. 照明灯具的(　　)必须经开关控制，不得直接引入灯具。

A. 工作零线　　B. 保护零线　　C. 相线　　D. 回路

【答案】C

【解析】照明灯具的相线必须经开关控制，不得直接引入灯具。

50. 特殊场所，应借助照明变压器提供(　　)V及以下的电源电压。

A. 36　　B. 24　　C. 48　　D. 42

【答案】A

【解析】特殊场所，应借助照明变压器提供36V及以下的电源电压。

51. 潮湿和易于触及带电体的触电危险场所，照明电源电压不得大于(　　)V。

A. 12　　B. 36　　C. 24　　D. 42

【答案】C

【解析】潮湿和易于触及带电体的触电危险场所，照明电源电压不得大于24V。

52. 在外电线路电压等级为35～110kV时，在建工程（含脚手架）的周边与架空线路的边线之间的最小安全操作距离为(　　)。

A. 4.0　　B. 6.0　　C. 8.0　　D. 10

【答案】C

【解析】<1kV时最小安全距离为4m；1～10kV时最小安全距离为6m；35～110kV；220kV是最小安全距离为10m；330～500kV时最小安全距离为15m。

53. 施工现场开挖沟槽边缘与外电埋地电缆沟槽边缘之间的距离不得小于(　　)。

A. 0.4m　　B. 0.5m　　C. 0.6m　　D. 0.7m

【答案】B

【解析】施工现场开挖沟槽边缘与外电埋地电缆沟槽边缘之间的距离不得小于0.5m。

54. 单独设置的防雷接地体，其冲击接地电阻值不应大于(　　)Ω。

A. 10　　B. 20　　C. 30　　D. 50

【答案】C

【解析】单独设置的防雷接地体，其冲击接地电阻值不应大于 30Ω；与临时用电系统 PE 线重复接地共用的防雷接地体，其接地电阻值应符合 PE 线重复接地接地电阻值不大于 10Ω 的要求。

55. 机械设备上的接闪器长度为（　　）。

A. 0.5～1.0m　　B. 1.0～1.5m　　C. 1.0～2.0m　　D. 1.5～2.5m

【答案】C

【解析】机械设备上的接闪器长度应为 1～2m。

56. 架设安全防护设施时，必须经有关部门批准，采用线路暂时停电或其他可靠的安全技术措施，并有（　　）和专职安全人员共同监护。

A. 项目经理　　B. 技术负责人

C. 施工员　　D. 电气工程技术人员

【答案】D

【解析】架设安全防护设施时，必须经有关部门批准，采用线路暂时停电或其他可靠的安全技术措施，并有电气工程技术人员和专职安全人员监护。

57. 用电技术交底是由施工单位（　　）向施工现场电工和用电人员所做的交底。

A. 项目经理　　B. 技术负责人　　C. 安全员　　D. 施工员

【答案】B

【解析】安全技术交底是由技术负责人交底，而非安全员故选 B。

58. 手持电动工具使用必须做绝缘检查和（　　）后方可使用。

A. 空载检查　　B. 通电检查　　C. 接地检查　　D. 接零检查

【答案】A

【解析】手持式电动工具使用前必须做绝缘检查和空载检查，在绝缘合格、空载运转正常后方可使用；使用时，必须按规定穿戴绝缘防护用品。

59. 漏电保护检测每（　　）检测一次，并填写漏电保护检测表。

A. 周　　B. 月　　C. 半年　　D. 一年

【答案】B

【解析】项目部电工每月应对漏电保护器检测一次。

60. 口对口人工呼吸正常的吹气频率约是（　　）次/min。

A. 36　　B. 24　　C. 20　　D. 12

【答案】D

【解析】正常口对口人工呼吸，大口吹气 2 次试测颈动脉搏动后，立即转入正常的口对口人工呼吸阶段。正常的吹气频率是每分钟约 12 次。

61. 下列说法中不正确的是（　　）。

A. 建筑电工严禁酒后作业

B. 带电作业应由两人以上进行，有专人监护

C. 带电工作可使用锉刀、刀子等工具

D. 特别潮湿或危险场所严禁带电作业

【答案】C

【解析】确需带电工作时，应采取以下安全防护措施：（1）由两人以上进行，有专人负责监护；（2）操作人员应穿长袖工作服，扣紧袖口；（3）工作时穿好绝缘鞋并站在绝缘垫或绝缘台上，使用合格的有绝缘柄的工具；（4）带电工作，禁止使用刀子、锉刀及金属尺等。

62. 接地电阻与绝缘电阻每（　　）检测一次。

A 周　　B. 月　　C. 半年　　D. 年

【答案】C

【解析】项目部电工每半年对接地电阻检测一次，每半年对绝缘电阻检测一次。

63. 施工现场临时用电工程完成后不需要经过（　　）的检查验收。

A. 总包单位　　B. 分包单位　　C. 建设单位　　D. 监理单位

【答案】C

【解析】施工现场临时用电工程竣工后，必须经总包单位、分包单位、监理单位共同检查验收达标合格后，方可投入使用，不需要建设单位的检查验收故选 C。

64. 触电急救的第一步是（　　）。

A. 现场救护　　B. 保护现场

C. 打电话通知医院　　D. 使触电者脱离电源

【答案】D

【解析】触电急救的第一步是使触电者迅速脱离电源，第二步是现场救护。

65. 电工在巡视检查时发现故障或隐患，应立即报告（　　）采取措施。

A. 项目负责人　　B. 技术负责人　　C. 安全员　　D. 施工员

【答案】A

【解析】在巡视检查时如发现有故障或隐患，应立即报告项目负责人，然后采取全部停电或部分停电及其他临时性安全措施进行处理，避免事故扩大。

66. 登杆前，脚扣使用人应对脚扣做人体冲击检查，方法是将脚扣系于电杆离地（　　）m 处用力猛蹬，脚扣不应有变形破坏。

A. 1.2　　B. 1.0　　C. 0.8　　D. 0.5

【答案】D

【解析】登杆前，脚扣使用人应对脚扣做人体冲击检查，方法是将脚扣系于电杆离地 0.5m 处用力猛蹬，脚扣不应有变形破坏。

67. 按照规定，为了保证配电线路末端用电设备正常工作，其工作电压对始端的电压偏移（损失）不得超过允许的电压偏移为(　　)。

A. 2%　　B. 3%　　C. 5%　　D. 10%

【答案】C

【解析】正常情况下用电设备要求电压波动范围在±5%以内。电压偏高电气设备的电气寿命将大大缩短，电压偏低设备无法提供足够的功率。对于额定负载运转的电动机来说，过载能力下降，电流增大，电机发热加快，电机极易烧毁。

68. 使用二类手持电动工具的漏电保护器的漏电动作电流不应大于(　　)。

A. 15mA　　B. 20mA　　C. 30mA　　D. 50mA

【答案】A

【解析】使用二类手持电动工具的漏电保护器的漏电动作电流不得大于15mA。

69. 电气故障检修的原则错误的是(　　)。

A. 先看后想　　B. 先内后外　　C. 先简后繁　　D. 先静后动

【答案】B

【解析】B项应为先外后内。

70. 电气故障检修步骤的正确顺序是(　　)。

A. 观察、分析、判断、孤立、确定故障、修复

B. 观察、分析、孤立、判断、确定故障、修复

C. 分析、孤立、观察、判断、确定故障、修复

D. 分析、孤立、判断、观察、确定故障、修复

【答案】A

【解析】排除电气故障的目的是使用电建筑机械和工具能正常地工作，恢复原来的性能。因此在观察、分析、判断、孤立、找出故障之后，应及时修复。

71. 下列不属于电气事故隐患的是(　　)。

A. 动力设备保护零线直接接在接地专用的接地接线柱（螺丝）上

B. 未定期对漏电保护器进行检测

C. 把配电箱作为开关箱，直接控制多台电气设备

D. 动力和照明合用一组熔断器和开关

【答案】A

【解析】漏电保护器应每月检测一次；开关箱只能控制一台用电设备；动力跟照明应分设开关箱，故选A。

三、多选题

1. 施工现场用电特点有哪些(　　)。

A. 电气工程具有临时性

B. 工作条件受地理位置和气候条件制约多

C. 施工机械具有相当大的周转性和移动性，尤其是用电施工机具有着较大的共用性

D. 施工现场是多工种交叉作业的场所，非电气专业人员使用电气设备相当普遍，而这些人员的安全用电知识和技能水平又相对偏低

【答案】ABCD

【解析】本题考的是施工现场的用电特点。特点有（1）电气工程具有临时性；（2）工作条件受地理位置和气候条件制约多；（3）施工机械具有相当大的周转性和移动性，尤其是用电施工机具有着较大的共用性；（4）施工现场露天作业多，电气装置、配电线路、用电设备等易受气候环境、污染和腐蚀介质等因素的侵害；（5）施工现场是多工种交叉作业的场所，非电气专业人员使用电气设备相当普遍，而这些人员的安全用电知识和技能水平又相对偏低。

2. 低压电器被广泛用于电源、电路、配电装置、用电设备等装置上，按照用途的不同，低压电器可分为（　　）。

A. 低压配电器　　B. 家用电器

C. 低压控制电器　　D. 工业电器

E. 转换电器

【答案】AC

【解析】低压电器被广泛用于电源、电路、配电装置、用电设备等装置上，按照用途的不同，低压电器可分为低压配电电器和低压控制电器两大类。

3. 继电器是一种电子控制器件，继电器具有控制系统（又称输入回路）和被控制系统（又称输出回路），实际上是用较小的电流去控制较大电流的一种“自动开关”，常用的型号有（　　）等。

A. 热继电器　　B. 中间继电器

C. 时间继电器　　D. 速度继电器

E. 动作继电器

【答案】ABCD

【解析】继电器与接触器一样，属于一种电子控制器件，常用的有热继电器、中间继电器、时间继电器、速度继电器等。

4. 低压空气断路器又称自动空气开关或空气开关，属开关电器，是用于当电路中发生（　　）等故障时，能自动分断电路的电器，也可用作不频繁地起动电动机或接通、分断电路。

A. 漏电　　B. 短路

C. 欠压　　D. 过载

E. 以上都正确

【答案】BCD

【解析】低压空气断路器又称自动空气开关或空气开关，属开关电器，是用于当电路中发生过载、短路和欠压等故障时，能自动分断电路的电器。

5. 漏电保护器又称漏电开关，是用于在电路或电器绝缘受损发生对地短路时防止人身触电和电气火灾的保护电器。电流动作型的漏电保护器又分为(　　)。

A. 电磁式　　　　B. 电子式

C. 高速型　　　　D. 延时型

E. 火灾型

【答案】AB

【解析】漏电保护器按其动作原理可分为电压动作型和电流动作型两大类。电流动作型的漏电保护器又分为电磁式、电子式两种。

6. 三相异步电动机也叫三相感应电动机，主要由(　　)几个基本部分组成。

A. 机座　　　　B. 铁芯

C. 定子　　　　D. 转子

E. 外壳

【答案】CD

【解析】三相异步电动机也叫三相感应电动机，主要由定子和转子两个基本部分组成，转子分为鼠笼式和绕线式两种。

7. 速度继电器又称反接制动继电器，是一种转速控制元件，在控制系统中用于速度控制。它的主要结构是由(　　)部分组成。

A. 按钮　　　　B. 触点

C. 定子　　　　D. 转子

E. 外壳

【答案】BCD

【解析】速度继电器又称反接制动继电器，是一种转速控制元件，在控制系统中用作速度控制。它的主要结构是由转子、定子及触点三部分组成。

8. 电动机是机械工作的动力来源，机械传动的作用有(　　)。

A. 产生电能　　　　B. 传递运动和动力

C. 改变运动形式　　　　D. 调节运动速度

E. 改变运动方向

【答案】BCD

【解析】电动机在电路中的主要作用是产生驱动转矩，作为用电器或各种机械的动力源。

9. 直读指示仪表是利用将被测量直接转换成指针偏转角的方式进行测量的一类电工仪表，如(　　)就是直读指示仪表。

A. 500 型万用电表　　B. PZ8 数字电压表

C. SC—16 光线示波器　　D. 钳形电流表

E. 兆欧表

【答案】ADE

【解析】直读指示仪表是利用将被测量直接转换成指针偏转角的方式进行测量的一类电工仪表，具有使用方便、精确度高的优点。例如 500 型万用电表、钳形电流表、兆欧表等均属于直读指示仪表。

10. 万用表的使用规则是(　　)。

A. 正确使用量程选择转换开关

B. 用完应将转换开关切换到高电压挡位上

C. 表内电池要及时更换

D. 测量前，应做开路试验

E. 潮湿天气，应使用保护环来消除表面漏电

【答案】ABC

【解析】要根据被测物理量类别正确使用量程选择转换开关，每次使用完毕，应将转换开关切换到高电压挡位上，表内电池要及时更换，如表内电池使用已久，贮能不足，电压下降，将造成大的测量（电阻）误差。

11. 施工现场应配备的电工检测仪器有(　　)。

A. 万用表　　B. 兆欧表

C. 电度表　　D. 接地电阻测试仪

E. 漏电保护器测试仪

【答案】ABDE

【解析】施工现场常用的电工仪表，主要有万用表、绝缘电阻表、接地电阻测试仪和漏电保护器测试仪等。

12. 施工升降机每日运行前进行空载试车时，应检查(　　)和驱动机构、制动机构的电气装置。

A. 隔离开关　　B. 行程开关

C. 限位开关　　D. 紧急停止开关

E. 漏电开关

【答案】BCD

【解析】每日运行前进行空载试车时，应检查行程开关、限位开关、紧急停止开关和驱动机构、变速机构、制动机构的电气装置。

13. 除一般场所外，在潮湿场所、金属构架上及狭窄场所使用(　　)类手持式电动工具时，其开关箱和控制箱应设在作业场所以外，并有人监护。

A. Ⅰ　　B. Ⅱ

C. Ⅲ　　D. Ⅳ

E. Ⅴ

【答案】BC

【解析】在潮湿场所或金属构架上操作时，必须选用Ⅱ类或由安全隔离变压器供电的Ⅲ类手持式电动工具，严禁使用Ⅰ类手持式电动工具。

14. 施工现场的起重机械主要有(　　)。

A. 塔式起重机　　B. 施工升降机

C. 泵送机械　　D. 高处作业吊篮

E. 焊接设备

【答案】ABD

【解析】施工现场的起重机械主要有塔式起重机、施工升降机、高处作业吊篮等。

15. 施工现场临时用电工程中，接地的类型主要包括(　　)。

A. 工作接地　　B. 保护接地

C. 重复接地　　D. 防雷接地

E. 外壳接地

【答案】ABCD

【解释】施工现场临时用电工程中，接地主要包括工作接地、保护接地、重复接地和防雷接地四种。

(1) 工作接地

施工现场临时用电工程中，因运行需要的接地（例如三相供电系统中，电源中性点的接地）称为工作接地。在工作接地的情况下，大地作为一根导线，而且能够稳定设备导电部分的对地电压。

(2) 保护接地

施工现场临时用电工程中，因漏电保护需要，将电气设备正常情况下不带电的金属外壳和机械设备的金属构件（架）接地，称为保护接地。在保护接地的情况下，能够保证工作人员的安全和设备的可靠工作。

(3) 重复接地

在中性点直接接地的电力系统中，为了保证接地的作用和效果，除在中性点处直接接地外，还须在中性线上的一处或多处再作接地，称为重复接地。

电力系统的中性点，是指三相电力系统中绕组或线圈采用星形连接的电力设备（如发电机、变压器等）各相的连接对称点和电压平衡点，其对地电位在电力系统正常运行时为零或接近于零。

（4）防雷接地

防雷装置（避雷针、避雷器、避雷线等）的接地，称为防雷接地。防雷接地的设置主要是用于雷击时将雷电流泄入大地，从而保护设备、设施和人员等的安全。

16. 当人体有电流流过时，电流对人体就会有危害，危害的大小与电流的种类、频率、量值和电流流经人体的时间有关。我国安全电压额定值的等级一般为(　　)等。

A. 36W　　B. 24W

C. 36V　　D. 24V

E. 12V

【答案】CDE

【解释】根据生产和作业场所的特点，采用相应等级的安全电压，是防止发生触电伤亡事故的根本性措施。《特低电压（ELV）限值》GB 3805—2008 规定我国安全电压额定值的等级为 42V、36V、24V、12V 和 6V，应根据作业场所、操作员条件、使用方式、供电方式、线路状况等因素选用。电压的单位是福特，功率的单位是瓦。

17. 人工接地体是指人为埋入地中直接与地接触的金属物体，即人工埋入地中的接地体。用作人工接地体的金属材料通常可以采用(　　)。

A. 圆钢　　B. 角钢

C. 扁钢　　D. 铝材

E. 螺纹钢

【答案】ABC

【解释】螺纹钢的棱会出现尖端电荷积聚放电，对接地电流的均匀散布不利。螺纹钢做接地时和土壤接触不密实，增加接地电阻值。电流的集肤效应，螺纹钢表面的螺纹相当于增加了一个电感，对高频雷电电流的快速卸放不利。铝线容易氧化腐蚀，引起接地电阻增大，机械强度低容易遭到破坏损毁。

18. 配电室的选择应根据现场负荷的类型、负荷的大小和分布特点以及环境特征等进行综合考虑，概括起来说，应符合下列(　　)要求。

A. 靠近电源　　B. 靠近负荷中心

C. 进出线方便　　D. 靠近道路

E. 节省材料

【答案】ABC

【解释】配电室的选择应根据现场负荷的类型、负荷的大小和分布特点以及环境特征等进行综合考虑，概括起来说应符合下列要求：

（1）靠近电源。

（2）靠近负荷中心。

(3) 进出线方便。

(4) 周边道路畅通。

(5) 周围环境灰尘少、潮气少、振动少，无腐蚀介质、无易燃易爆物、无积水。

(6) 避开污源的下风侧和易积水场所的正下方。

19. 施工现场的配电线路是指为现场施工需要而敷设的配电线路。通常配电线路的结构形式有(　　)等。

A. 串联　　B. 并联

C. 链式　　D. 树干式

E. 放射式

【答案】CDE

【解释】串联和并联是电路形式，配电线路的结构形式有放射式、树干式、链式和环形等四种。

20. 室内配线暗敷设可采用绝缘导线穿管埋墙或埋地方式和电缆直埋墙或直埋地方式，但应注意(　　)问题。

A. 暗敷设线路部分不得有接头

B. 暗敷设线路部分可以有接头

C. 潮湿场所配线必须穿管敷设，严禁不穿管直接埋设地下

D. 暗敷设金属穿管应做等电位连接，并与 PE 线相连接

E. 线路穿过的管口和管、接头应密封

【答案】ACDE

【解释】暗敷设可采用绝缘导线穿管埋墙或埋地方式和电缆直埋墙或直埋地方式，但应注意三个问题：

(1) 暗敷设线路部分不得有接头。

(2) 暗敷设金属穿管应作等电位连接，并与 PE 线相连接。

(3) 潮湿场所或埋地非电缆（绝缘导线）配线必须穿管敷设，严禁不穿管直接埋设地下，管口和管接头应密封。

21. 电缆的类型应根据其敷设方式、环境条件选择。埋地敷设时，宜选用铠装电缆，或具有防腐、防水性能的无铠装电缆；架空电缆宜选用无铠装护套电缆。选择电缆时应注意(　　)。

A. 电缆外护层必须完好无损，无裂纹，无破损裸露芯线

B. 额定电压不低于线路工作电压

C. 电缆截面越大越好

D. 根据其使用环境是否潮湿、有积水、腐蚀介质和易燃易爆物等选择其外护层的防护性能

E. 电缆抗拉强度

【答案】ABD

【解释】电缆的类型应根据其敷设方式、环境条件选择。埋地敷设时，宜选用铠装电缆，或具有防腐、防水性能的无铠装电缆；架空电缆宜选用无铠装护套电缆。选择电缆时应注意以下几点：

（1）电缆外护层必须完好无损，无裂纹，无破损裸露芯线。

（2）额定电压不低于线路工作电压。

（3）根据其使用环境是否有潮湿、积水、腐蚀介质和易燃易爆物等选择其外护层的防护性能。

22. 施工现场供配电线路宜选用电缆，电缆的类型、电缆芯线及截面、电缆的敷设等应符合(　　)要求。

A. 总配电箱至分配电箱必须使用五芯电缆

B. 分配电箱至开关箱与开关箱至用电设备的相数和线数应保持一致

C. 动力与照明分别设置时，三相设备线路可采用四芯电缆，单相设备和一般照明线路可采用三芯电缆

D. 塔式起重机、施工电梯、物料提升机、混凝土搅拌站等大型施工机械设备的供电开关箱必须使用五芯电缆配电

E. 最好采用架空敷设方式

【答案】ABCD

【解释】总配电箱（配电柜）至分配电箱必须使用五芯电缆。需要三相五线制配电的电缆线路必须采用五芯电缆，而采用四芯电缆外加一条绝缘线等配置方法都是错误的。五芯电缆中，除包含黄、绿、红色三条相线外，还必须包含用作N线的淡蓝色芯线和用作PE线的绿/黄双色芯线。

分配电箱至开关箱与开关箱至用电设备的相数和线数应保持一致。

动力与照明分别设置时，三相设备线路可采用四芯电缆，单相设备和一般照明线路可采用三芯电缆。

塔式起重机、施工升降机、混凝土搅拌站等大型施工机械设备的供电开关箱必须使用五芯电缆配电。

23. 电气工程中，导线的连接是电工基本工艺之一。导线连接的质量好坏关系着线路和设备运行的可靠性和安全程度。对导线连接的基本要求是：(　　)。

A. 电接触良好　　　　B. 机械强度足够

C. 接头美观　　　　D. 绝缘恢复正常

E. 不同材料适当加长搭接长度

【答案】ABCD

【解释】对导线连接的基本要求是：电接触良好，机械强度足够，接头美观，且绝缘恢复正常。

24. 施工现场的配电装置是指施工现场用电工程配电系统中设置的(　　)。

A. 总配电箱（配电柜）　　B. 分配电箱

C. 开关箱　　D. 五芯电缆

E. 架空线路

【答案】ABCD

【解释】施工现场的配电装置是指施工现场用电工程配电系统中设置的总配电箱(配电柜)、分配电箱和开关箱以及连接电缆。

25. LED 灯可以直接发出红、黄、蓝、绿、青、橙、紫、白色的光，其特点主要有(　　)及无频闪等等。

A. 节能　　B. 环保

C. 高效　　D. 高亮

E. 长寿

【答案】ABE

【解析】LED 灯可以直接发出红、黄、蓝、绿、青、橙、紫、白色的光。其特点主要有节能、长寿、环保、无频闪等等。

26. (　　)等触电高度危险场所，照明电源电压不得大于 12V。

A. 导电良好的地面　　B. 特别潮湿

C. 金属容器　　D. 锅炉

E. 潮湿

【答案】ABCD

【解析】特别潮湿、导电良好的地面、锅炉或金属容器等触电高度危险场所，照明电源电压不得大于 12V。

27. 照明系统每一单相回路上，灯具和电源插座数量不宜超过(　　)，负荷电流不宜超过(　　)。连接具有金属外罩灯具的插座和插头均应有接 PE 线的保护触头。

A. 25 个　　B. 15A

C. 20 个　　D. 30mA

E. 10mA

【答案】AB

【解析】照明系统每一单相回路上，灯具和电源插座数量不宜超过 25 个，负荷电流不宜超过 15A。连接具有金属外罩灯具的插座和插头均应有接 PE 线的保护触头。

28. 防雷引下线可采用以下哪几种材料(　　)。

A. 铜线　　B. 圆钢

C. 螺纹钢　　D. 扁钢

E. 角钢

【答案】ABDE

【解析】接地体不得采用螺纹钢。

29. 为防止配电装置、配电线路和用电设备可能遭受的机械损伤，可采取以下防护措施(　　)。

A. 配电装置、电气设备应尽量设在避免各种高处坠物打击的位置，如不能避开则应在电气设备上方设置防护棚

B. 塔式起重机起重臂跨越施工现场配电线路上方应有防护隔离设施

C. 用电设备负荷线不得拖地放置

D. 穿越道路的用电线路应采取架空或者穿管埋地等保护措施

E. 电焊机二次线应避免在钢筋网面上拖拉和踩踏

【答案】ABCDE

【解析】本题考查的是配电装置、配电线路和用电设备对机械损伤的防护措施，ABCDE项全为正确措施。

30. 建筑电工使用的个人防护用品和用具较多，除安全帽、安全带及常用的工具外还有(　　)。

A. 绝缘棒　　B. 绝缘手套

C. 脚扣　　D. 熔断器

E. 绝缘鞋

【答案】ABCE

【解析】熔断器不算是防护用品。

31. 脱离低压电源的方法可以用(　　)五字概括。

A. 拉　　B. 切

C. 挑　　D. 垫

E. 拖

【答案】ABCD

【解析】脱离低压电源的方法可用“拉”“切”“挑”“拽”和“垫”五字来概括。

32. 触电的方式有哪些(　　)。

A. 直接接触触电　　B. 间接接触触电

C. 跨步电压触电　　D. 电弧触电

【答案】ABC

【解析】触电的方式分为：(1) 直接接触触电；(2) 间接接触触电；(3) 跨步电压触电。

33. 施工现场用电管理制度有哪些(　　)。

A. 持证上岗制度

B. 检查验收制度

C. 安全防护用具和检测仪器管理制度

D. 电工巡视制度

【答案】ABCD

【解析】施工现场用电管理制度有以下内容：(1) 持证上岗制度；(2) 检查验收制度；(3) 安全防护用具和检测仪器管理制度；(4) 电工巡视制度。

34. 触电者触电后会呈现“假死”　(即所谓休克) 现象，该症状的判定方法是(　　)

A. 看　　B. 闻

C. 听　　D. 试

E. 切

【答案】ACD

【解析】如果触电者呈现“假死”(即所谓电休克) 现象，则可能有三种临床症状：一是心跳停止，但尚能呼吸；二是呼吸停止，但心跳尚存 (脉搏很弱)；三是呼吸和心跳均已停止。“假死”症状的判定方法是“看”“听”“试”。

35. 断路器的一般故障为(　　)。

A. 操动失灵　　B. 绝缘故障

C. 开断、关合性能不良　　D. 绕组间绝缘击穿

E. 导电性能不良

【答案】ABCE

【解析】断路器的一般故障为操动失灵，绝缘故障，开断、关合性能不良，导电性能不良。

36. 电气故障检修的基本方法包括(　　)。

A. 直觉法　　B. 替代法

C. 测量法　　D. 调查法

E. 试验法

【答案】ABC

【解析】电气故障检修的基本方法为直觉法、替代法、测量法。

四、案例题

1. 绝缘电阻表 (兆欧表) 使用的规则及相关注意事项。

(1) 判断题

1) 测量前，应先切断被测电气设备的电源，并注意不要充分放电，然后再进行

测量。

【答案】错误

2）测量前，兆欧表应做开路试验，指针应指向“∞”；还要做短路试验，此时指针应指向“0”。

【答案】正确

（2）单选题

1）采用手摇发电机的兆欧表，手摇速度由低向高逐渐升高，并保持在（　　）左右，测量过程不得用手接触被试物和引线接线柱，以防触电。

A. 120r/min　　B. 50r/min　　C. 100r/min　　D. 150r/min

【答案】A

2）绝缘电阻表又称兆欧表、摇表，主要用以测量电机、电器、配电线路等电气设备的（　　）。

A. 接地电阻　　B. 额定电压　　C. 绝缘电阻　　D. 额定电流

【答案】C

（3）多选题

（　　）的设备必须进行测试，绝缘电阻合格后方可使用，测量绝缘电阻后，应将被测物充分放电。

A. 新购置　　B. 搁置已久

C. 经维修后重新投入使用　　D. 一直使用

E. 报废处理

【答案】ABC

2. 高处作业吊篮使用中的安全用电及其注意事项。

（1）判断题

1）电气系统必须设置过热、短路、漏电保护等装置。

【答案】正确

2）控制用按钮开关动作应准确可靠，其外露部分由绝缘材料制成，应能承受50Hz正弦波形、1250V电压为时1min的耐压试验。

【答案】正确

（2）单选题

1）主电源回路应有过电流保护装置和灵敏度不小于（　　）的漏电保护装置。

A. 15mA　　B. 30mA　　C. 45mA　　D. 50mA

【答案】B

2）电机外壳及所有电气设备的金属外壳金属护套都应可靠接地，接地电阻不大于(   )。

A. 0.5Ω　　B. 2Ω　　C. 10Ω　　D. 4Ω

【答案】D

(3) 多选题

高处吊篮作业应设置各类保护装置包括(   )。

A. 相序继电器　　B. 接零接地共用一体

C. 三相五线制　　D. 接零、接地线应始终分开

E. 应有明显的接地标志

【答案】ACDE

3. 2015年10月某工程正式开工建设，项目经理部任命张某为电工，张某2015年9月通过主管部门考核取得特殊作业操作资格证书。因为工期紧张10月8日，张某在未断电的情况下给搅拌机接线，不慎触电。闻讯赶来的项目部管理人员李某将张某送至医院，经抢救无效死亡。请结合案例，回答下列问题。

(1) 判断题

1) 张某9月取得证书，10月8日即可独立上岗。

【答案】错误

2) 张某的证书是有效的。

【答案】正确

(2) 单选题

1) 触电急救的第一步是(   )。

A. 脱离电源　　B. 拨打120　　C. 大声呼救　　D. 现场救护

【答案】A

2) 对搅拌机进行清理、检查、维修时，必须首先将其开关箱分闸断电，(   )呈明显可见的电源分断点，并将开关箱关门上锁。

A. 搅拌开关　　B. 出料开关　　C. 漏电保护器　　D. 隔离开关

【答案】D

(3) 多选题

确需带电作业时应当采取的安全防护措施为(   )。

A. 由两人以上进行，有专人负责安全防护措施

B. 操作人员应穿长袖工作服，扣紧袖口

C. 工作时穿好绝缘鞋，站在绝缘垫或者绝缘台上，使用合格的绝缘工具

D. 带电工作禁止使用刀子、锉刀及金属尺等

【答案】ABCD

4. 张某第一天到某工地上班，施工员安排他用水泵抽排塔机基础内积水。张某电话通知电工接线，电工因故未到现场。张某随即自行打开配电箱接线，将接水泵的电线从配电箱漏电保护器上方引出。合闸试运行时，水泵漏电致张某当场触电身亡。现场勘验情况：(1) 张某上班前，未对其进行三级安全教育，仅由班组长作口头交代；(2) 事发时，安全员李某被项目经理安排采购材料，工地无其他管理人员。请结合案例，回答下列问题。

(1) 判断题

1) 隔离开关内熔断丝的主要作用是保证用电系统正常供电。

【答案】错误

2) 开关箱内漏电保护器的作用是在设备漏电时，漏电保护器跳闸自动切断电源。

【答案】正确

(2) 单选题

1) (　　)必须熟练掌握触电急救方法，有人触电应立即切断电源，并按照触电急救方案实施抢救。

A. 安全员　　B. 技术员　　C. 消防员　　D. 电工

【答案】D

2) 保护零线是(　　)。

A. L 线　　B. N 线　　C. PE 线　　D. I 线

【答案】C

(3) 多选题

在该案例中，施工现场用电存在哪些违规行为(　　)。

A. 水泵未接保护零线

B. 电源线未经过漏电保护器，导致漏电时漏电保护器不能起到保护作用

C. 非特种作业人员私自搭接电源线

D. 电工未在岗，对电气设备未及时检修

【答案】ABCD

5. 在某工程现场的钢筋加工区中，两名钢筋工正操作机器加工钢筋，其中一名钢筋工手指接触到切断机的外壳时，浑身颤抖起来，身体无法动弹，眼看手指马上就要被机器卷入刀口中，另一名工友见状，立即起身拉起受伤者，结果两人双双触电身亡。事故经调查发现，该施工现场配电系统中没有保护零线 (PE 线)，钢筋加工区内无开关箱，项目部未配备电工。请结合上述案例回答下列问题。

(1) 判断题

1) 该工友舍身救人的行为值得学习。

【答案】错误

2）第一名触电者为间接接触触电。

【答案】正确

（2）选择题

1）五芯电缆中，除包含黄、绿、红色三条相线外，还必须包含用作 N 线的淡蓝色芯线和用作 PE 线的（　　）双色芯线。

A. 绿/黄　　B. 红/黄　　C. 红/白　　D. 红/黑

【答案】A

2）开关箱距离用电设备距离不得大于（　　）。

A. 1m　　B. 3m　　C. 10m　　D. 30m

【答案】B

（3）多选题

该工程存在哪些用电安全隐患（　　）

A. 没有使用 TN-S 保护接零系统　　B. 加工区未设开关箱

C. 工人们安全知识缺乏　　D. 未配备专业的电气技术人员

【答案】ABCD

6. 某公司汽车吊在进行钢筋卸料作业时，汽车吊臂伸至距 10kV 高压线不足 1m 处，高压线放电，将进行吊装作业的工人王某电击致死。

（1）判断题

1）汽车臂未保持安全距离。

【答案】正确

2）该事故属于直接接触触电。

【答案】错误

（2）单选题

1）起重机沿垂直方向与 10kV 架空线路的最小安全距离为（　　）。

A. 1. 5m　　B. 3m　　C. 4m　　D. 5m

【答案】B

2）起重机沿水平方向与 10kV 架空线路的最小安全距离为（　　）。

A. 4m　　B. 3. 5m　　C. 2m　　D. 1. 5m

【答案】C

（3）多选题

造成该事故的主要原因是（　　）。

A. 吊车司机不专业

B. 汽车臂未与高压线保持足够的安全距离

C. 没有及时就医

D. 对高压线为采取安全防护措施

【答案】BD

7. 某建筑工程公司瓦工张某、曹某和吕某，三人一组负责滤波室内西墙抹灰。当张某、曹某在跳板上等吕某给倒勺（跳板距地面高度 2m），吕某站在灰槽的南侧和灰时，附近的施工人员突然听到吕某大叫一声，随后便见吕某倒在灰槽南侧，呼吸急促、神志不清，随即将他抬到滤波室外，实施人工呼吸并送到医院，经抢救无效死亡。吕某右手掌外缘留有电击痕迹，经医学诊断证明属心肺电击死亡。

经勘查，沿灰槽与西墙之间拖地敷设软电缆有一接头位于吕某作业时的脚下，其接头处用黑色绝缘胶布包扎，陈旧老化松弛，表面沾有水泥痕迹。用普通试电笔测试接头包扎处表面显示带电。

（1）判断题

1）跨步电压触电也是属于间接触电形式。

【答案】正确

2）触电急救的关键是首先要使触电者迅速脱离电源。

【答案】正确

（2）单选题

1）口对口人工呼吸正常的吹气频率为每分钟（　　）次。

A. 10 次　　B. 12 次　　C. 15 次　　D. 20 次

【答案】B

2）施工现场开挖沟槽边缘与外电埋地电缆沟槽边缘之间的距离不得小于（　　）。

A. 0.5m　　B. 1.0m　　C. 1.5m　　D. 2m

【答案】A

（3）多选题

预防跨步电压触电事故有哪些措施（　　）。

A. 建筑施工现场使用的电缆应沿建筑物悬挂或埋地敷设，特别是遇有积水时应采取避让措施

B. 电缆接头处必须采用防水胶布包扎

C. 电气维护人员要经常对电气设施进行检查，发现问题及时处理

D. 配备劳动防护用品

【答案】ABCD

8. 某施工现场焊工李某、赵某进行电焊作业，发现电焊机一段引线圈已断，电工只找了一段软线交给李某让他自己更换。李某换线时，发现一次线接线板螺丝松动，使用扳手拧紧后（此时赵某不在现场）就离开了现场，赵某返回后不了解情况，便开始点焊，只焊了一下就大叫一声倒地，终因抢救无效死亡。

（1）判断题

1）事故原因为接线板烧损，线圈与电焊机外壳相碰而引起短路。

【答案】正确

2）该电焊机外壳做了保护接零。

【答案】错误

（2）单选题

1）保护零线（PE线）的重复接地，每处重复接地的电阻值不得大于（　　）。

A. 4Ω　　B. 10Ω　　C. 15Ω　　D. 30Ω

【答案】B

2）当电路中发生过载、短路和欠压等故障时，能自动分断电路的电器叫作（　　）。

A. 断路器　　B. 接触器　　C. 漏电保护器　　D. 继电器

【答案】A

（3）多选题

该事故有哪些预防措施（　　）。

A. 电焊机的维修应由专业电工进行

B. 焊接设备应做保护接零

C. 电焊工作业时应按规定穿绝缘鞋、戴绝缘手套

D. 两名电焊工应及时入工伤保险

【答案】ABC

参 考 文 献

[1] 赵振国．建筑施工用电400问[M]．北京：中国建筑工业出版社，1996.

[2] 徐荣杰．建筑施工现场临时用电安全技术[M]．沈阳：辽宁人民出版社，1989.

[3]《建筑施工手册》编写组．建筑施工手册[M]．北京：中国建筑工业出版社，2003.

[4]《建筑施工现场安全管理资料规程》DB37/T 5063—2016

[5] 中华人民共和国建设部．施工现场临时用电安全技术规范：JGJ 46—2005[S]．北京：中国建筑工业出版社，2005.

[6] 李显全．维修电工[M]．北京：中国劳动社会保障出版社，2010：75-82.